Kundenakquise

Holger Gloszeit, Cordula Natusch

2. Auflage

Inhalt

Grundlagen der Akquise   **5**
- Was ist Akquise?   6
- Welche Instrumente gehören zur Akquise?   9
- Welchen Nutzen hat Akquise?   16

So bereiten Sie sich auf die Akquise vor   **19**
- Legen Sie Ihre Ziele fest   20
- Produkt, Kunden, Konkurrenz – sammeln Sie Informationen   29
- Wie Sie die richtige Strategie auswählen   38
- So kommen Sie an Adressen potenzieller Kunden   49
- Qualifizieren Sie Ihre Adressen   53

Durchführung der Akquise — 63
- Konkretisieren Sie Ihre Akquisemaßnahmen — 64
- Werbung per Mailing — 64
- Neukundengewinnung per Telefon — 74
- Das persönliche Verkaufsgespräch — 85
- Messen und Veranstaltungen — 92
- Erfolgreiches Networking — 96
- Aktiv um Empfehlungen bitten — 99
- So bereiten Sie die Akquise nach — 103

Die menschliche Seite der Akquise — 107
- Ihre persönliche Einstellung — 108
- Pflegen Sie Ihre Beziehungen — 115
- Vom Umgang mit inneren Barrieren — 121

- Stichwortverzeichnis — 125

Vorwort

Ob Freiberufler, selbstständige Handwerker, Händler oder Vertriebler in Unternehmen - alle haben ein Ziel: neue, Gewinn bringende Geschäfte abzuschließen. Durch die Akquisition von neuen Aufträgen bringen Sie Ihr Geschäft nach vorn und halten direkten Kontakt zu Ihren Kunden. Auf Anforderungen, Bedürfnisse und Einwände können Sie so schnell reagieren. Ohne die Akquisition von Neugeschäft dagegen fehlt das Wachstum.

In diesem TaschenGuide erfahren Sie, was Kundenakquise genau ist, welche Instrumente Ihnen zur Verfügung stehen und wie Sie Schritt für Schritt vorgehen, um neue Kunden zu gewinnen. Wir zeigen Ihnen, wie Sie Umsatzvorgaben in überschaubare Teilziele umsetzen und die richtige Verkaufsstrategie für Ihr Produkt finden. Checklisten und konkrete Beispiele helfen Ihnen dabei, die richtigen Werkzeuge und den idealen Zeitpunkt für Ihre Aktionen herauszufinden.

Ein entscheidender Erfolgsfaktor ist Ihre Einstellung zu Kunden, Produkt und Verkaufsgespräch. Wir geben Ihnen Tipps, wie Sie locker und zuversichtlich in die Verhandlungen gehen, innere Barrieren überwinden und eine positive Beziehung zu Ihrem Gesprächspartner aufbauen. So führen Sie Ihre Verkaufsverhandlungen gut gerüstet und erreichen besser Ihre Ziele. Wir wünschen Ihnen viel Erfolg dabei.

Holger Gloszeit und Cordula Natusch

Grundlagen der Akquise

Was ist Akquise? Ist das nur „Klinkenputzen" oder nicht vielmehr die professionelle Vorbereitung und Durchführung von guten Geschäftsabschlüssen zu allseitigem Nutzen?

In diesem Kapitel lesen Sie

- welche Instrumente zur Akquise gehören (S. 9) und
- welchen Nutzen Akquise hat (S. 16).

Was ist Akquise?

Generell werden unter dem Begriff „Akquise" alle Maßnahmen zusammengefasst, die der Neukundengewinnung dienen und sich direkt an einen Adressaten wenden. Die Kontaktaufnahme per Telefon oder auf einer Messe gehört ebenso dazu wie der Werbebrief und gezielte Verkaufs- und Beratungsgespräche unter vier Augen. Gute Akquise zeichnet sich vor allem durch ein durchdachtes, systematisches und zielorientiertes Vorgehen aus, das zu einer langfristigen Kundenbindung führt.

> Von anderen Werbeformen unterscheidet sich Akquise durch die persönliche Ansprache des Kunden. Anzeigen, Fernsehspots usw. wenden sich dagegen immer an eine große Zahl anonymer potenzieller Käufer.

Der Weg zur erfolgreichen Neukundengewinnung

Viele Unternehmer unterschätzen die Bedeutung und den notwendigen Aufwand einer professionellen Neukundengewinnung. Aktionen werden unzureichend vorbereitet, zu ungünstigen Zeitpunkten durchgeführt oder sie richten sich an die falschen Personen. Oftmals sind Erfolge oder Misserfolge durch mangelnde Dokumentation von Durchführung und Reaktionen nicht nachvollziehbar oder messbar. Schnell ist dann die Rede davon, dass Aktionen nichts bringen.

Tatsächlich ist die moderne Form der Akquise ein ganzheitlicher Prozess und eine der größten Herausforderungen, denen Sie sich im beruflichen Alltag stellen müssen. Sie ist mehr als nur „Kontakte machen" oder das schnelle Geschäft und muss in Einklang mit der Marktpositionierung des Unternehmens, der Produkte bzw. Dienstleistungen gebracht werden. Betrachten Sie Akquise nicht als lästige Pflicht, sondern als Chance, mit Kunden und Interessenten ins Gespräch zu kommen und so Ihr Geschäft und Ihr Angebot für den Markt weiterzuentwickeln.

Die fünf Etappen der Akquise

Attraktive Aufträge und langfristige Verträge erhält man nicht nebenbei. Akquise ist ein dauerhafter und nachhaltiger Prozess, bei dem Planung ebenso wichtig ist wie Flexibilität und Kontinuität.

Ganz gleich, um welches Produkt es sich handelt, wie groß das Budget ist und ob der Markt lokal oder international ist, die folgenden fünf Schritte gehören bei der Neukundengewinnung immer dazu:

1 Herausarbeiten der Produkteigenschaften
2 Bestimmen der Zielgruppe
3 Festlegen der Akquisestrategie
4 Auswählen der Akquiseinstrumente
5 Planen und Durchführen der Aktionen und Maßnahmen

Diese Punkte lassen sich zwar in der Theorie klar voneinander trennen, in der Praxis verschwimmen die Grenzen aber immer wieder. Die jeweiligen Maßnahmen gehen oft Hand in Hand und beeinflussen sich gegenseitig. Wie Sie dabei vorgehen, erläutern wir detailliert in den folgenden Kapiteln.

Eine wichtige Voraussetzung: Flexibilität

Ebenso wichtig wie die grundsätzliche Definition von Teilschritten ist es, in der Durchführung flexibel zu bleiben. Die grundsätzliche Zielgruppe ist in der Regel schon im Produkt festgelegt, für das Produkt Kinderkleidung z. B. sind Eltern als Abnehmer selbstverständlich. Wenn man aber feststellt, dass viele ältere Menschen kaufen, sollte man auch die Großeltern in die Akquise einbeziehen.

Auch die Auswahl der Akquiseinstrumente ist oft schon durch die Ware oder die Zielgruppe eingeschränkt. Wer Privatkunden anspricht, darf aus rechtlichen Gründen kein Telefonmarketing betreiben. Bestehen Schwierigkeiten, bei der Zielgruppe die Adressen herauszufinden, ist es unmöglich, qualifizierte Werbemailings zu versenden. Und es ist selbstverständlich, die verfügbaren Mittel dort zu konzentrieren, wo es sich als besonders Erfolg versprechend herausgestellt hat.

Beispiel: Zielgruppendifferenzierung

Ein Autohändler möchte mehr Kombis verkaufen und spricht deswegen besonders junge Familien an. Er bemerkt aber immer wieder, dass sich viele Sportler für die geräumigen Autos interessieren, weil sie ihre Sportgeräte transportieren wollen. Also erweitert er seine Aktion „Kombi" um diese Zielgruppe und überlegt, mit welchen Maßnahmen er sie erreicht. So kann er z. B. eine gemeinsame Akquiseaktion mit einem Fitnessstudio vor Ort initiieren.

Wenn Akquiseaktionen abgeschlossen sind, ist es sinnvoll, Produkt und Angebot erneut zu betrachten und diesmal die Reaktionen der Kunden einzubeziehen. Womöglich fiel den Interessenten etwas auf, was zuvor noch gar nicht bemerkt wurde? Welche Einwände sind gekommen? Hat sich eine Zielgruppe als besonders kauffreudig erwiesen? Aufbauend auf diesen Ergebnissen lassen sich die nächsten Aktionen besser planen und die Ergebnisse ständig verbessern.

Beispiel: Konzentration des Akquisebudgets

Ein Hersteller von Software für Arztpraxen hat potenzielle Kunden sowohl per Werbemail angeschrieben als auch über ein Callcenter anrufen lassen. Am Ende stellt er fest, dass es schwierig war, den Arzt ans Telefon zu bekommen, während der Rücklauf auf das Anschreiben erfreulich hoch war. Besonders viele Urologen haben geantwortet. In der nächsten Akquiseaktion plant er ein Werbemailing speziell für Urologen.

Welche Instrumente gehören zur Akquise?

Meist kommen bei der Akquise verschiedene Instrumente zum Einsatz. So erhält ein potenzieller Neukunde womöglich zunächst ein Werbeschreiben, in dem das Produkt vorgestellt und ein Anruf angekündigt wird. Dann erfolgt das Telefonat mit der Terminvereinbarung und beim persönlichen Gespräch kommt das Geschäft zustande. (Wie Sie diese Instrumente im Einzelnen anwenden, lesen Sie ab Seite 63.)

Werbung per Post oder Fax

Werbemailings gehören zu den klassischen Akquiseinstrumenten. Der potenzielle Neukunde erhält per Post oder Fax ein an ihn persönlich adressiertes Schreiben, in dem das Produkt oder die Dienstleistung mit den Vorteilen, zusätzlichen Services usw. erläutert ist. Diese Form der Akquise eignet sich besonders gut für Standardprodukte mit geringem Erklärungsbedarf für eine große Zielgruppe.

- Vorteile: schnelle Marktdurchdringung bei entsprechend hoher Auflage; guter Aufhänger für nachfolgende Telefonate; Abbildungen des Produkts sind möglich.
- Nachteile: Je nach Auflage und Gestaltung hohe Kosten für Erstellung, Verpackung und Versand; oft nur geringer Rücklauf (ca. 1 bis 1,5 % der Empfänger antworten).

Telefonische Akquise

Unter der Telefonakquise werden alle Anrufe beim Kunden zusammengefasst – gleichgültig, ob der Unternehmensvertreter sich selbst meldet oder dies ein Callcenter übernimmt. Für individuelle und hochpreisige Angebote sollten Sie selbst anrufen, weil Sie dann den Bedarf konkretisieren können. Auch persönliche Präsentationstermine lassen sich gut auf diesem Weg vereinbaren. Eine Telefonmarketingagentur ist für ein einfaches Standardprodukt und große Kundengruppen geeignet. Allerdings können Callcenter-Agenten auch nach guter Schulung meist nicht alle Fragen beantworten. Übrigens: Anrufe bei Privatpersonen sind verboten und sorgen zunehmend für Verärgerung.

- Vorteile: exakte Bedarfsanalyse durch das persönliche Gespräch; schneller und leichter erster Kontakt.
- Nachteile: Viele Kunden reagieren gereizt auf Werbeanrufe; zeitaufwendig, wenn Sie selbst telefonieren – teuer, wenn Sie eine Agentur beauftragen, zudem leidet dann häufig die Qualität der Ansprache; werbliche Anrufe bei Privatpersonen sind nicht erlaubt.

Das persönliche Verkaufsgespräch

Das Gespräch unter vier Augen wird in der Regel durch die Zusendung von Material und eine telefonische Terminvereinbarung vorbereitet. Ein oder auch mehrere Kundenbesuche sind dann sinnvoll und notwendig, wenn es um stark erklärungsbedürftige Produkte geht, die Leistungen speziell auf die Bedürfnisse des Kunden zugeschnitten werden oder das Angebot sehr kostspielig ist. Meist präsentiert der Verkäufer im Kundenbetrieb, die Gespräche können aber auch beim Anbieter stattfinden, wenn z. B. große Maschinen vorgeführt werden sollen.

- Vorteile: exakte Bedarfsanalyse; Vertrauen lässt sich schneller und leichter aufbauen; Einblicke in das Kundenunternehmen.
- Nachteil: zeitaufwendig, dadurch teuer.

Anlassbezogene Akquise

Sie wird vor allem auf Messen betrieben. Aussteller können sich dort mit ihrer Produktpalette in kurzer Zeit vielen fachkundigen Interessenten präsentieren. Wer als Besucher an der Messe teilnimmt, sollte schon im Vorfeld Termine mit Vertretern von möglichen Kundenunternehmen vereinbaren. In vielen Branchen und bei klar umrissenen Märkten ist die Teilnahme an den entsprechenden Fachmessen häufig sogar unerlässlich.

Auch Branchentreffen, Kongresse oder Tagungen bieten oft gute Gelegenheiten, Kontakte zu potenziellen Käufern zu knüpfen. Allerdings geht es dabei oft mehr um das informelle Gespräch als ums Verkaufen. Die Geschäfte werden erst im Nachgang vereinbart. Auf Veranstaltungen können Sie Ihr Netzwerk gut pflegen, ausbauen und sich als kompetenter Gesprächspartner präsentieren.

- Vorteile: viele Interessenten gleichzeitig an einem Ort; fachkundiges Publikum; Weiterbildungsmöglichkeiten; je nach Niveau der Veranstaltung direkter Kontakt zu den Entscheidern; gute Gelegenheit zum Netzwerken und zur Konkurrenzbeobachtung. In vielen Branchen werden auf Messen sehr viele Abschlüsse getätigt.
- Nachteile: Hohe Kosten durch Standmiete, -betrieb, Auf- und Abbau, Teilnahmegebühren; großer Zeitaufwand; auch die Konkurrenz ist vor Ort, präsentiert und beobachtet; auf Kongressen, Tagungen etc. ist in der Regel kein direktes Geschäft möglich.

> Als Schlüssel für den Erfolg gilt ein geschickter Mix der Instrumente. Das liegt z. B. daran, dass Kunden unterschiedlich auf Werbemaßnahmen reagieren. Diesen Mix legen Sie in der Strategie fest (s. Seite 42).

Gestalten Sie Ihre Botschaft mit der AIDA-Formel

Die AIDA-Formel schildert den idealtypischen Ablauf einer Kaufentscheidung. Wer als Berater und Verkäufer seinen potenziellen Kunden aktiv durch diesen Prozess begleitet, erhöht seine Erfolgsaussichten erheblich. Die AIDA-Formel ist damit eine wichtige Basis für alle Akquisemaßnahmen. Denn sie gilt – anders als oft angenommen - nicht nur für Werbemailings, sondern für jedes Vorgehen, das einen Geschäftsabschluss zum Ziel hat. AIDA beschreibt die einzelnen Schritte, die der potenzielle Kunde durchläuft, bevor er abschließt. Die Abkürzung steht für:

A = Attention: Der Kunde wird auf ein Produkt oder eine Dienstleistung aufmerksam.

I = Interest: Das Angebot weckt sein Interesse.

D = Desire: Im Kunden entstehen Wünsche in Bezug auf das Produkt oder die Dienstleistung.

A = Action: Der Kunde handelt.

Ziehen Sie die Aufmerksamkeit auf sich

Zunächst einmal muss der Anbieter von Produkten und Dienstleistungen dafür sorgen, dass der Kunde ihn und sein Angebot überhaupt wahrnimmt. Auf einer Messe erreicht er das z. B., indem er Maschinen live im Betrieb vorführt. In einem Werbebrief sollte es schon im ersten Absatz gelingen, die Aufmerksamkeit des Lesers zu erregen, sonst landet das Schreiben schnell ungelesen im Papierkorb. Am Beginn kann z. B. die Schilderung einer Problemsituation stehen, die dem Empfänger vertraut ist. Dadurch entsteht Spannung.

Beispiel: Schilderung eines Problems

Ärgern Sie sich auch jeden Monat von neuem über zu hohe Portokosten und den großen Aufwand beim Versand Ihrer Briefe?

Gewinnen Sie das Interesse des Kunden

Anschließend gilt es, die gewonnene Aufmerksamkeit in konkretes Interesse zu verwandeln. Der zweite Teil zeigt deshalb, wie der potenzielle Kunde das geschilderte Problem in Zukunft mithilfe des vorgestellten Produkts lösen kann. Hier besteht auch die Gelegenheit, das Alleinstellungsmerkmal, den einzigartigen Vorteil des Angebots gegenüber den Mitbewerbern, den so genannten USP (Unique Selling Proposition), zu erläutern.

Beispiel: Lösung des Problems

Ab sofort können Sie bis zu 30 Prozent Ihrer Ausgaben für Postsendungen sparen – ganz einfach mit HCM-Portoplan! Wir holen Ihre Post täglich im Büro ab und optimieren für Sie die Frankierung. Unsere einmalige Garantie für Sie: Nur HCM-Portoplan gibt Ihre Sendungen 100-prozentig noch am selben Tag an die Deutsche Post weiter. So kommt Ihr Schreiben sicher, preiswert und schnell in den Briefkasten des Empfängers.

Wecken Sie Wünsche beim Kunden

Der Kunde weiß nun, dass es für das angesprochene Problem eine in dieser Form einmalige Lösung gibt. Im nächsten Schritt lässt sich dieser positive Ansatz durch die Erläuterung, was das Angebot genau umfasst, verstärken. Was kann das Produkt im Einzelnen? Welcher zusätzliche Service ist inbegriffen? Läuft womöglich gerade eine besondere Aktion, die für den Kunden interessant sein könnte? Im Ergebnis will er mehr über das Produkt wissen, es ausprobieren oder im Idealfall besitzen.

Beispiel: Formulierung, die Wünsche weckt

> HCM-Portoplan bietet Ihnen noch mehr: Gemeinsam mit Ihnen analysieren wir Ihr tägliches, wöchentliches und monatliches Briefaufkommen und erarbeiten ein Konzept, wie Sie Ihre Kosten noch weiter reduzieren können. Gewicht, Größe, Infopost und Anzahl der Briefe – wir kennen alle Tricks, die Ihre Geschäftspost, Werbemailings und den Musterversand preiswerter machen.

Lösen Sie beim Kunden eine Aktion aus

Die bisherigen Argumente haben den Interessenten soweit überzeugt, dass er sich das Angebot näher ansehen möchte. Ziel des abschließenden Schritts ist, ihn zum Handeln bewegen. In Werbebriefen sollten Sie es dem Kunden so leicht wie möglich machen, Kontakt aufzunehmen, z. B. durch beiliegende Antwortfaxe oder fertig adressierte Postkarten. Noch bessere Chancen bietet das persönliche Verkaufsgespräch. Hier kann der Kunde das Produktmuster in die Hand nehmen und es ausprobieren. Dienstleister können z. B. gemeinsam mit dem Interessenten Musterberechnungen erstellen.

Beispiel: Aufforderung zum Handeln

 Schicken Sie uns noch heute das beiliegende Antwortfax zurück und sparen Sie mit HCM-Portoplan schon nächste Woche bares Geld beim Briefversand.

Akquiseanrufe funktionieren ebenfalls nach diesem Schema, auch wenn dann natürlich vor allem Flexibilität gefordert ist, um auf den Gesprächspartner individuell einzugehen.

Die AIDA-Formel ist mittlerweile etwas verändert und erweitert worden. Nun wird der Aspekt der Kundenzufriedenheit berücksichtigt und damit die Nachhaltigkeit der Akquise. Dennoch eignet sie sich nach wie vor besonders gut, um Werbemittel auf ihre Schlüssigkeit und Wirksamkeit hin zu überprüfen.

Welchen Nutzen hat Akquise?

Akquise hat bei vielen Menschen ein negatives Image. Ursache sind häufig die aggressiven Verkaufsmethoden, mit denen viele Vertriebler – geschult in entsprechenden Seminaren – lange Zeit auf „Kundenfang" gegangen sind. Aber dieses Vorgehen hat sich als sehr kurzsichtig herausgestellt. Käufer, die sich einmal „über den Tisch gezogen" fühlen, reklamieren häufiger, sorgen für negative Mund-zu-Mund-Propaganda und schließen beim nächsten Mal ganz sicher bei der Konkurrenz ab. Moderne Akquise ist deshalb nachhaltig und langfristig angelegt. Davon profitieren Anbieter und Kunden gleichermaßen.

Welche Vorteile der Verkäufer durch gute Akquise hat

Worin der Hauptnutzen für den Verkäufer liegt, ist klar: Er generiert Neugeschäft und sichert damit sein wirtschaftliches Überleben. Aber Akquise ist zudem ein Prozess, bei dem der Vertriebler sein Produkt, die Konkurrenz und vor allem seine Kunden sehr genau kennen lernt. Auch dann, wenn ein Interessent nicht unterschreibt, gewinnt der Verkäufer in jedem Fall neue Erkenntnisse:

- Er erfährt die Bedürfnisse und Anforderungen aus erster Hand und kann sein Angebot dahingehend verändern.
- Er gewinnt durch fundierte Beratung das Vertrauen des Interessenten und bleibt so in guter Erinnerung, selbst wenn der Kunde nicht abschließt. Vielleicht kommt er dann beim nächsten Mal zum Zuge.
- Er erhält ständig neue Erkenntnisse über den Markt und seine Mitbewerber. So kann er sich rechtzeitig auf neue Entwicklungen einrichten, statt von ihnen überrollt zu werden.
- Er schult sich selbst in seinem Verkaufsverhalten und verbessert seine Methodik.

Der Nutzen guter Akquise für den Käufer

Es ist falsch zu glauben, dass nur der Verkäufer bei seinen Akquiseaktivitäten gewinnt. Tatsächlich wollen die meisten Kunden, dass man sie umwirbt, berät und betreut. Es ist die Pflicht von Einkäufern in Unternehmen, neue Lieferanten zu finden, Kontakt aufzunehmen und Angebote einzuholen. Aktive Akquise erleichtert ihnen die Erfüllung dieser Aufgabe. Die meisten Abnehmer wollen detaillierte Verkaufsgespräche führen, um Vergleiche zwischen den Anbietern anstellen zu können und gute Kaufentscheidungen zu treffen. Für den Kunden hat professionelle aktive Akquise folgende Vorteile:

- Er wird fundiert beraten, kann ein akutes Problem beheben oder findet Alternativen zu bisherigen Lösungen.
- Er bekommt kompetente Antworten auf seine Fragen.
- Er erhält das Produkt, das seinen Bedürfnissen und Erwartungen perfekt entspricht.
- Er ist in der Lage, eine Kaufentscheidung zu treffen.
- Der Marktüberblick wird ihm erleichtert.

> Gehen Sie selbstbewusst in Akquisegespräche: nicht als Bittsteller, sondern als Anbieter einer attraktiven Lösung. Wenn Sie unsicher sind, wird Ihr Gegenüber dies sofort spüren. Damit verschlechtern Sie Ihre Ausgangsposition.

So bereiten Sie sich auf die Akquise vor

Gute Planung und ein systematisches Vorgehen sind in der Neukundengewinnung wesentliche Erfolgsfaktoren.

Lesen Sie in diesem Kapitel

- wie Sie Ihre Akquise-Ziele festlegen (S. 20),
- wie Sie Informationen über Ihre Zielgruppe sammeln (S. 29),
- wie Sie ihre Strategie (S. 38) festlegen und
- wie Sie an die Adressen potenzieller Kunden kommen (S. 49).

Legen Sie Ihre Ziele fest

In vielen Betrieben wird am Jahresanfang eine umfassende Akquiseplanung erstellt. Hier fließen nicht nur die Vorgaben für Umsatz und Gewinn ein, sondern auch weitere Angaben wie z. B. die Fluktuation von Bestandskunden. Unter dem Strich ergibt sich dann, wie viele Kunden insgesamt neu abschließen müssen, um die Ziele zu erreichen. Vertriebsmitarbeitern werden diese Überlegungen meist in Jahres- oder Zielvereinbarungsgesprächen vorgestellt. Damit stehen zunächst einmal recht große Zahlen im Raum: Umsatzziel, Absatz, Anzahl der zu führenden Telefonate – alles hochgerechnet auf zwölf Monate.

Unterscheiden Sie zwischen quantitativen und qualitativen Zielen

Zunächst ist es sinnvoll, die grundsätzlichen Vorgaben genauer zu betrachten und zwischen quantitativen und qualitativen Zielen zu unterscheiden.

Was ist ein quantitatives Ziel?

Ein quantitatives Ziel ist klar messbar und über einen Erfüllungsgrad gut zu kontrollieren. Diese Zahlen haben oft einen betriebswirtschaftlichen Hintergrund. Zu den quantitativen Zielen gehören:

- Vorgaben von Umsätzen, Gewinnmargen, Deckungsbeiträgen und Durchschnittspreisen
- Steigerung des Markanteils

- Anzahl der durchgeführten Telefonate und Besuche
- Soll der akquirierten Neukunden und Abschlüsse

Beispiele für quantitative Ziele

Vorgaben für das Jahr 20XX: Umsatz 2.500.000 Euro, Gewinnung von 10 Neukunden mit einem Durchschnittsumsatz von 20.000 Euro p. a.

Was ist ein qualitatives Ziel?

Qualitative Ziele betreffen die eher weichen Bereiche in Unternehmen, also z. B. die Zusammenarbeit zwischen den Abteilungen oder den Umgang mit Reklamationen. Diese Ziele sind nicht automatisch berechenbar, sondern müssen mit Indikatoren versehen werden, um den Erreichungsgrad zu kontrollieren. Gerade im Dienstleistungsbereich sind solche „soften" Faktoren von Bedeutung, um sich von der Konkurrenz abheben zu können. Qualitative Ziele sind z. B.:

- Verkürzung der Bearbeitungszeit von Reklamationen
- Auftragsbearbeitung durch den Innendienst innerhalb eines bestimmten Zeitraums
- Jederzeitige Erreichbarkeit des Kundenservices während einer Kernzeit

Beispiel für qualitative Ziele

Vorgaben für das Jahr 20XX: Steigerung der Kundenzufriedenheit um 10 %, Verkürzung der Auftragsbearbeitungszeit auf maximal 1 Tag.

Sinnvolle qualitative Ziele sind häufig motivierender als quantitative. Viele Menschen haben bei Letzteren den Eindruck, sie nicht oder nur wenig beeinflussen zu können. In beiden Fällen spielt aber die Art, wie Vorgaben präsentiert werden, eine große Rolle. Während nüchterne Zahlen oft abschreckend wirken, können geschickt ausgearbeitete Formulierungen viel dazu beitragen, dass Aktionen begonnen und auch durchgeführt werden.

Definieren Sie Ihre Akquiseziele

Mit dem Umsatzziel steht fest, was erreicht werden soll. Nun geht es darum, wie diese Vorgaben erfüllt werden: welche Kunden werden wie angesprochen. In die Planung gehen folgende Fragen ein:

- Auf welchen Wegen spreche ich wie viele Kunden grundsätzlich an?
- Wie viele Werbemailings will ich insgesamt verschicken?
- Wie viele Telefonate führe ich in den nächsten zwölf Monaten?
- Wie viele Verkaufsgespräche finden in den Kundenunternehmen statt?
- Wie viele Messen und Veranstaltungen besuche ich? Wie viele Gespräche führe ich dort vor Ort?

In diese Überlegungen muss natürlich einfließen, welche Erfolge realistisch erzielbar sind. Hierzu gehören Fragen wie:

- Wie viele der angeschriebenen Personen reagieren auf das Werbemailing?
- Bei wie vielen Telefonaten erreiche ich den Entscheider direkt?
- Wie viele Anrufe führen zu einem Präsentationstermin?
- Wie hoch ist die Abschlussquote bei den persönlichen Verkaufsgesprächen?

Wie die SMART-Formel hilft, Ziele zu erreichen

Vielleicht kennen Sie das Phänomen, dass Sie genau wissen, was eigentlich zu tun ist, aber dennoch keinen Anfang für die Arbeit finden. Gründe dafür können sein, dass die anstehende Aufgabe zu unkonkret definiert ist oder kein Zeitpunkt angegeben ist, zu dem sie erledigt sein muss. Dann finden sich schnell Ausreden, warum es gerade jetzt ungünstig ist anzufangen oder warum andere Tätigkeiten im Moment wichtiger sind. Gute Zielvorgaben nehmen solchen Ausweichstrategien den Wind aus den Segeln. Sie zeichnen sich durch fünf Merkmale aus, die in der so genannten SMART-Formel zusammengefasst sind.

S = specific: Die Beschreibung des Ziels ist genau und konkret. Am besten ist es so formuliert, als wäre die Vorgabe bereits erfüllt.

M = measurable. Das Ziel muss messbar sein. Feste – inhaltliche und zeitliche – Maßstäbe zeigen den Erfüllungsgrad.

A = attainable. Gute Ziele sind auch erreichbar. Stehen genügend Ressourcen für die Umsetzung zur Verfügung? Das gilt nicht nur an die Finanzen, sondern auch für die Zeit, die Personaldecke und Produktionskapazitäten.

R = realistic. Nur realistische Ziele bewegen überhaupt zum Handeln, denn warum sollte sich jemand für etwas abmühen, das ohnehin unerreichbar ist?

T = Time phased. Ein gutes Ziel hat einen Endzeitpunkt und ist in einzelne, überschaubare, nachvollziehbare und terminlich festgelegte Schritte gegliedert.

Alle Vorgaben lassen sich nach diesem Schema gestalten und formulieren – auch qualitative Ziele. Wenn Sie also bloße Zahlen vor sich liegen haben, schreiben Sie sich diese Punkte auf ein gesondertes Blatt und formulieren Sie sie nach der SMART-Formel um.

Beispiele für Ziele nach der SMART-Formel

Quantitatives Ziel: Ende 20XX habe ich den Umsatz von 250.000 Euro erreicht. Es ist mir gelungen, 10 neuen Kunden mit einem durchschnittlichen Jahresumsatz von 7.500 Euro zu gewinnen.

Qualitatives Ziel: Ende 20XX habe ich 10 Prozent weniger Beschwerden und Nachfragen durch Kunden. Durch die verbesserte Zusammenarbeit mit dem Innendienst wird jeder Auftrag innerhalb eines Tages bearbeitet.

Schritt für Schritt zu großen Ergebnissen

Jetzt wissen Sie, wie Ziele definiert werden und wie Sie sie formulieren sollten, damit sie motivierend wirken. Im dritten und wichtigsten Schritt gilt es nun, die großen Ziele in kleine, leicht erreichbare Teilschritte zu unterteilen.

Kleine überschaubare Einheiten definieren

Viele Menschen verzagen angesichts der Summen, die da von ihnen verlangt werden: „Das packe ich nie, deshalb ist es sinnlos anzufangen". Wichtig ist, die Jahreszahlen soweit herunterzubrechen, bis sie eine überschaubare Größe bilden, die motivierend wirkt. So gehen Sie dabei vor:

- Berechnen Sie, wie viel Umsatz Sie im Halbjahr, im Monat, in der Woche und am (Arbeits-)Tag grundsätzlich benötigen, damit Sie am Ende beim errechneten Ergebnis ankommen. Nehmen Sie die gleiche Rechnung für die geplanten Akquisemaßnahmen vor.

Verteilen Sie nun diese vorläufigen Teilschritte sinnvoll auf das Gesamtjahr:

- Berücksichtigen Sie Ihren Urlaub und diejenigen Ihrer Teammitglieder; in diesen Zeiten werden Sie weniger Umsatz machen.
- Gibt es Gelegenheiten, zu denen Sie besonders viele Geschäfte abschließen können, z. B. bei Messen oder nach Branchentreffen?

- Gibt es Zeiten, in denen regelmäßig Flaute herrscht, z. B. Ferienzeiten, Brücken- oder Feiertage?
- Welche Bestandskunden bestellen regelmäßig bei Ihnen und mit welchem Auftragsvolumen? Rechnen Sie immer damit, dass eine Bestellung ausbleiben könnte. Allein schon deshalb ist es notwendig, ständig neue Interessenten zu finden.
- Planen Sie immer Pufferzeiten ein, damit Sie bei unvorhergesehenen Ereignissen nicht Ihre gesamte Planung auf den Kopf stellen müssen, um die Ziele zu erreichen.

Nach diesen Überlegungen fällt es leichter, eine monatliche Umsatz- und Akquiseplanung vorzunehmen. Zu welchen Zeiten lohnt es sich, verstärkt Telefonate zu führen und Werbemailings zu versenden? An welchen Terminen und Orten finden die wichtigsten Messen und Veranstaltungen statt, wie viel Zeit ist für die Vor- und Nachbereitung notwendig? Wann können Akquisebemühungen zurückfahren werden, weil die Ansprechpartner in den Unternehmen ohnehin nicht zu erreichen sind?

> Phasen, in denen Sie Ihre Verkaufsaktivitäten zurückfahren, können Sie für die Bearbeitung der qualitativen Ziele nutzen. Umstrukturierungsmaßnahmen lassen sich leichter umsetzen, wenn nicht gleichzeitig ein wichtiger Auftrag auf Erledigung wartet.

Beispiel für die Berechnung von Monatsumsatzzielen

Herr Schneider hat ein Umsatzjahresziel von 250.000 Euro. Im ersten Schritt zur Monatsplanung errechnet er bei einer vorsichtigen Schätzung einen Umsatz von 175.500 Euro durch Bestandskunden. Den restlichen Umsatz von 74.500 Euro muss er also über neue Kunden erzielen.

Aus Erfahrung weiß er, dass er viele Geschäfte auf den beiden Branchenmessen im September und im Januar abschließen kann, er rechnet mit insgesamt 30.000 Euro. Schwächere Monate sind dagegen Mai und Juni. Deshalb plant er seinen Urlaub in dieser Zeit. Auch der Dezember ist aufgrund der Feiertage ein schlechter Monat. In allen drei Monaten zusammen sind nur 7.000 Euro Neuumsatz realistisch.

Bleibt ein Rest von 37.500 Euro, der in den übrigen Monaten verteilt erreicht werden muss. Dabei setzt Herr Schneider vor allem auf den März, in dem er mit dem Versand eines Werbemailings und den daraus entstehenden Telefonaten und Besuchen über 9.500 Euro erzielen will. Aufgrund von Brancheninformationen geht er davon aus, dass in diesem Zeitraum bei potenziellen Kunden über Investitionen entschieden wird. Im Oktober will er eine kleinere Aktion starten, weil sich dieser Zeitpunkt in der Vergangenheit als günstig für die Akquise erwiesen hat. Den verbleibenden Umsatz will er durch kontinuierliche Akquisearbeit, also regelmäßige Telefonate und Besuche, erreichen. Am Ende hat Herr Schneider folgende Monatsplanung ausgearbeitet:

Monat	Umsatz Bestandskunden in T€	Umsatz Neukunden in T€	Gesamtumsatz in T€
Januar	8,5	10,0	18,5
Februar	25,5	4,0	29,5
März	20,5	9,5	30,0
April	10,0	4,0	14,0
Mai	10,0	2,5	12,5
Juni	11,0	2,0	13,0
Juli	15,0	5,0	20,5
August	15,0	5,0	20,0
September	20,0	20,0	40,0
Oktober	20,0	6,0	25,0
November	10,0	4,0	14,0
Dezember	10,0	2,5	13,0
Summe	175,5	74,5	250,0

10 Tipps für Ihre Zielfestlegung

1 Formulieren Sie Ihre Ziele immer schriftlich und positiv.

2 Erstellen Sie eine Tabelle, um die Übersicht zu behalten.

3 Achten Sie bei der Formulierung auf die SMART-Formel.

4 Unterscheiden Sie zwischen quantitativen und qualitativen Zielen.

5 Unterteilen Sie große Vorgaben solange in Einzelschritte, bis sie Ihnen erreichbar und motivierend erscheinen.

6 Planen Sie den Jahresverlauf und rechnen Sie dabei Pufferzeiten ein.
7 Schreiben Sie Ihre Ziele auf ein großes Blatt und hängen Sie sich dieses in Ihr Büro.
8 Schenken Sie Ihren Zielen immer Ihre volle Aufmerksamkeit.
9 Überprüfen Sie regelmäßig, wie weit Sie von der Erfüllung Ihrer Ziele noch entfernt sind.
10 Ganz wichtig: Feiern Sie die Erreichung eines Ziels, auch von Teilzielen. Damit motivieren Sie sich für die nächsten Aufgaben.

Produkt, Kunden, Konkurrenz – sammeln Sie Informationen

Eine der wichtigsten Voraussetzungen für eine erfolgreiche Neukundengewinnung ist die genaue Kenntnis aller Faktoren, die für eine Kaufentscheidung entscheidend sind. Der Verkäufer sollte deshalb ein umfassendes Wissen über sein Produkt oder seine Dienstleistung sowie über sein Unternehmen besitzen. Hinzu kommt der Überblick über die Konkurrenz mit ihren Angeboten. Grundlegend ist aber vor allem eine exakte Analyse der Kunden – bestehende wie Neukunden.

Analysieren Sie Ihr Angebot

Natürlich weiß ein Verkäufer, was er vertreibt. Dennoch ist es sinnvoll, sich von Zeit zu Zeit wieder umfassend mit dem

Produkt, der Dienstleistung und auch dem Unternehmen zu beschäftigen. Oft haben sich seit der letzten gründlichen Betrachtung kleine, aber wichtige Neuerungen ergeben, die ganz neue Möglichkeiten der Akquise erschließen.

Welche Eigenschaften hat Ihr Produkt?

Am Anfang steht eine Beschreibung des Produkts oder der Dienstleistung. Welche Merkmale trägt Ihr Angebot? Zu welchem Preis ist es erhältlich? Gibt es Variationen? Was ist das Besondere daran? Werden zusätzliche Services zur eigentlichen Ware angeboten? Welche davon sind kostenlos, welche kostenpflichtig? An wen soll es verkauft werden? Gibt es einen Mengenrabatt? Liegen Ergebnisse von unabhängigen Tests oder Ähnliches vor? Hinzu kommen Informationen über die Herstellung, Lieferzeiten und den Versand der Ware.

Beispiel für die Analyse des Produkts

Müller Messer stellt Küchengeräte her. Die Messer zeichnen sich durch besondere Haltbarkeit, erstklassige Materialien und hochwertige Verarbeitung aus. Einzigartig ist die besondere ergonomische Form der Messergriffe, die ein ermüdungsfreies Arbeiten auch über längere Zeit möglich macht. Müller Messer gibt eine 25-jährige Garantie. Das preiswerteste Messer kostet 38 Euro. Wer ein ganzes Set kauft, erhält deutliche Rabatte.

Wo liegen die Stärken und Schwächen?

Kein Angebot ist perfekt. Deshalb gehört die Suche nach den Schwachstellen des Produkts und des Unternehmens zur Bestandsaufnahme. Hilfreich für diese Aufstellung ist eine Stärke-Schwäche-Analyse.

Beispiel für eine Stärken-Schwächen-Auflistung

Stärken von Müller Messer	Schwächen von Müller Messer
• Hohe Qualität und Robustheit • Im Set preiswert • 25-jährige Garantie • Ausschließliche Verwendung von erstklassigen Materialien • Ermüdungsfreies Arbeiten	• Preis ist deutlich höher als bei der Konkurrenz • Teilweise Lieferengpässe (vor allem zur Urlaubszeit) • Ergonomische Form des Griffs ist gewöhnungsbedürftig

Wenn die Schwächen offen liegen, geht es an deren Behebung. In unseren Beispiel wurde als ein Mangel erkannt, dass der Nutzen des ergonomischen Griffs nicht sofort erkennbar ist. Eine Reaktion darauf kann z. B. sein, die Messer zunächst zur Probe zu liefern, um dem Käufer eine angemessene Gewöhnungszeit zu geben. Erhebt ein Kunde im Gespräch Einwände gegen die Form des Griffes, hat der Verkäufer dann ein gutes Gegenargument.

Was macht Ihr Produkt einzigartig?

Ein Alleinstellungsmerkmal ist diejenige Eigenschaft, die ein Produkt einzigartig am Markt macht. Dieses Verkaufsmerkmal wird auch Unique Selling Proposition oder USP genannt. Diese Eigenschaft unterscheidet das Angebot von den Wettbewerbern und ist in Akquisegesprächen der „Joker". Je eindeutiger der USP ist und je weniger er von der Konkurrenz nachgeahmt werden kann, desto besser ist es. So sichert ein Produkt, das auf einer patentgeschützten Innovation beruht, dem Hersteller zumindest für eine gewisse Zeit einen einzigartigen Marktvorteil.

Leider ist der USP in der Regel nicht so offensichtlich. Sorgen Sie dafür, dass Ihr Angebot einzigartig wird. Greifen Sie auf Ihr Stärken-Schwächen-Profil zurück. Häufig bildet nicht das eigentliche Produkt das Alleinstellungsmerkmal, sondern der dazugehörige Service. Formulieren Sie Ihren USP als konkretes Nutzenargument für Ihre Kunden.

Beispiel für einen USP

Cityblitz ist nicht nur schnell, sondern auch noch der freundlichste Kurierdienst der Stadt. Nur Cityblitz bietet eine 24-Stunden-Hotline, über die der Kurier jederzeit erreichbar ist. Der Fahrer ist innerhalb von 15 Minuten am gewünschten Einsatzort.

Wer hat welchen Nutzen von Ihrem Produkt?

Aus einem Produkt oder einer Dienstleistung geht in der Regel schon hervor, wer grundsätzlich als Käufer in Frage kommt. Schließlich wurde das Angebot ja für bestimmte Abnehmer entwickelt. Um weitere Zielgruppen zu finden, stellt sich die Frage nach dem Nutzen der Ware. Wenn ein Interessent keinen Vorteil für sich selbst erkennen kann, wird er nicht abschließen.

Typische Nutzen, die viele Produkte im Vergleich zur bisherigen Lösung bieten, sind: Zeit sparen, Kosten senken, Platzverbrauch verringern, Sicherheit erhöhen, Image steigern, Gesundheit verbessern usw.

Die Frage ist also, wer generell was von einem Produkt erwartet und inwiefern es diese Erwartungen erfüllt oder gar übertrifft. Jeder Anforderung des Kunden sollte ein klarer Nutzen beigeordnet sein. Je konkreter die Angabe dieses Vorteils ist, umso besser, am besten gelingt dies über Zahlen: „Senkung der Heizkosten um durchschnittlich 30 Prozent" oder „20 Prozent weniger Ausschuss" sind Angaben, die Kunden – bei schlüssigen Belegen - überzeugen. Häufig ergeben sich die Ergebnisse zu Nutzen und möglichen Abnehmer auch aus der Preispolitik.

Beispiel für eine Nutzenformulierung

Eine Uhr bietet grundsätzlich den Nutzen, die Zeit anzuzeigen. Der Käufer einer teuren Uhr aus einer Handmanufaktur erwartet darüber hinaus lange Haltbarkeit, einen Imagegewinn für sich selbst und womöglich eine Wertsteigerung. Ein Nutzen kann daher lauten: „Uhren aus dem Hause Paulus sind in den vergangenen 25 Jahren zu Sammlerstücken geworden und im Wert durchschnittlich um 370 Prozent gestiegen".

In der Akquise ist es wichtig, immer aus Sicht des Kunden zu argumentieren und seinen Nutzen in den Vordergrund zu stellen. Je gründlicher also die Analyse der Kundenvorteile und je konkreter die Ergebnisse ausfallen, desto einfacher wird es, den Kunden vom Angebot zu überzeugen.

Definieren Sie Ihre Abnehmer

Das Wissen darüber, wer generell zur Zielgruppe gehört, bildet die Basis für die weitere umfassende Sammlung von Daten. Dieser Schritt hilft, potenzielle Kunden genauer zu fassen, in Gruppen zu unterteilen und das Produkt sowie die Akquisemaßnahmen noch besser auf diese auszurichten.

Werten Sie Ihre Kundendaten aus

Bestandskunden sind eine unschätzbare Quelle für Informationen. Fragen Sie daher bei Ihren Kunden nach, weshalb sie sich ausgerechnet für Ihr Angebot entschieden haben. Ziel ist es, gemeinsame Charakteristika zu finden, Abnehmer mit gemeinsamen Merkmalen zusammenzufassen, also zu clustern. Warum ist eine Käufergruppe besonders stark vertreten? Welche Angebotsteile haben für sie den Ausschlag gegeben? Womöglich gibt es Produktnutzen, die vor allem einer Kundengruppe helfen. So erhalten Sie eine Übersicht, welche Käufer mit welchen Argumenten zu überzeugen waren. Sprechen Sie zukünftig Interessenten an, die gleiche oder ähnliche Charakteristika tragen wie Bestandskunden, greifen Sie auf dieses Wissen zurück und liefern Sie die Argumente, die vermutlich besonders gut wirken. Unterteilen Sie Geschäftskunden z. B. nach

- Unternehmensgröße (Umsatzgröße, Mitarbeiterzahl)
- Branche
- Art und Anzahl der Geschäfte (einmalig oder regelmäßig)
- Durchschnittlicher Umsatz pro Jahr, durchschnittlicher Deckungsbeitrag pro Auftrag
- Entscheidungsträger, beteiligte Abteilungen
- Typische Argumente für den Abschluss

Privatkunden können Sie u. a. clustern nach:

- Region, Stadtteil, Gegenden
- Großstadt, Kleinstadt oder ländliche Umgebung

Und, sofern diese Daten vorliegen, nach:

- Haushaltsgröße
- Einkommenshöhe, Beruf, Kaufkraft
- Alter, Geschlecht, Familienstand
- Bildungsabschluss

Wichtig ist auch der Akquiseweg, auf dem diese Kunden zum Produkt gefunden haben. Die Wahrscheinlichkeit ist groß, dass potenzielle Kunden aus den jeweiligen Clustern auf gleiche oder ähnliche Werbemaßnahmen gut reagieren.

Beispiel für ein Cluster im Firmenkundenbereich

 Softwareunternehmen mit weniger als 50 Mitarbeitern, Rechtsform: GmbH, Sitz: Bremen, Jahresumsatz: > 1.500.000 Euro.

Wie kommen Sie an weitere Informationen über Ihre Zielgruppe?

Die Analyse der Bestandskunden ist wichtig, aber immer rückwärtsgewandt. Im nächsten Schritt gilt es, neue Kundengruppen zu definieren. Damit sind nicht nur völlig neue Zielgruppen gemeint, sondern auch Interessenten aus anderen Regionen, Branchen, sozialen Schichten, Berufen oder Ähnliches, zu denen noch kein Kontakt besteht. Um mit den Bemühungen dort anzusetzen, wo ein Erfolg wahrscheinlich ist, sollte als Ergebnis der Recherche nicht nur herauskommen, wer einen Nutzen vom Angebot hat, sondern auch, wer es am wahrscheinlichsten bestellen und bezahlen wird. Es nutzt wenig, wenn eine bestimmte Branche besonders vom Produkt profitiert, diese aber gerade am Boden liegt und keine Investitionen tätigt. Für Privatkunden gilt das Gleiche.

Nützliche Informationen werden an vielen Stellen veröffentlicht. Dazu gehören Umfragen von Marktforschungsinstituten oder Trendforschern. Branchen- und Berufsverbände beobachten den Markt ebenso regelmäßig wie Banken, Sparkassen und Unternehmensberatungen. Eine wichtige Quelle sind die Medien. Überregionale Tageszeitungen, Wirtschaftsmagazine, Radio- und Fernsehsender geben einen guten Überblick über Branchen, regionale Besonderheiten und technische Fortschritte. Bei vielen Industrie- und Handelskammern, Handwerkskammern und Verbänden können Sie auf eine Bibliothek dieser Medien und auch institutseigene Recherchen zurückgreifen.

> Eine wahre Fundgrube für Informationen sind die statischen Bundes- und Landesämter. Sie finden sie im Internet unter www.destatis.de und www.statistik-portal.de.

Am Schluss dieser Überlegungen sollten Sie die Antworten auf folgende Fragen haben:

- Welche potenziellen Kunden der Hauptzielgruppe sind besonders interessant?
- Wer gehört zur Nebenzielgruppe?

- Ergeben sich völlig neue, zahlungskräftige Abnehmer?
- Wo befinden sich Ihre potenziellen Kunden?

Beispiel für die Identifizierung neuer Kundengruppen

> Wittig Software erstellt Datenbanken für die Lagerverwaltung. Hauptzielgruppen sind kleinere Buchhändler. Bei der Produkt- und Kundenanalyse hat sich herausgestellt, dass sich die Technik gut auf CD- und Musikalienhändler übertragen lässt. Da diese Branche gute Umsätze erzielt und zudem ein Investitionsstau vorliegt, beschließt Wittig, hier zu akquirieren. Aus Marktforschungsstudien der IHK weiß er, dass im süddeutschen Raum größerer Nachholbedarf herrscht. Daher konzentriert er seine Aktivitäten zunächst auf die Großstädte in Bayern und Baden-Württemberg.

Anschließend können Sie festlegen, welche Schwerpunkte Sie in Ihren nächsten Werbemaßnahmen setzen wollen: Wo liegen Marktchancen, die Sie bislang nicht genutzt haben? Welche potenziellen Neukunden wollen Sie ansprechen?

Beobachten Sie Ihre Konkurrenz

Für die Konkurrenzanalyse dienen die gleichen Quellen wie für die Kundenbetrachtung. Hinzu kommen vor allem die Website und die Werbemittel der Wettbewerber. Vergleichen Sie die Produkte und Dienstleistungen. Verschaffen Sie sich, wann immer es geht, einen persönlichen Einblick. Besuchen Sie auf Messen die Ausstellungsstände des Wettbewerbers. Gehen Sie ggf. in die Geschäfte der Konkurrenz und sehen sich an, was dort besser und schlechter läuft. Fragen Sie:

1. Wer sind meine Konkurrenten?
2. Welche Marktanteile haben sie?
3. Worin unterscheiden sich unsere Angebote?
4. Worin sind unsere Produkte ähnlich oder gar identisch?
5. Was kann das Konkurrenzprodukt besser als meines?
6. Worin ist mein Produkt besser?
7. Zu welchen Preisen bietet mein Konkurrent die Ware an?
8. Wie wirbt und akquiriert meine Konkurrenz?
9. Wie vertreiben meine Mitbewerber Ihre Ware?
10. Welche Kunden kaufen bei meinem Wettbewerber?

Mit der Konkurrenzbeobachtung erkennen Sie Gelegenheiten, dem Wettbewerber Marktanteile abzunehmen. Das ist z. B. dann der Fall, wenn dort Lieferprobleme oder Qualitätsdefizite auftreten. Zum anderen verhilft sie Ihnen dazu, Ihre Vorteile hervorzuheben und Abgrenzungen zu schaffen.

Wie Sie die richtige Strategie auswählen

Die Ziele und die Rahmenbedingungen stehen fest. In der Akquisestrategie geht es nun darum, wie die Vorgaben im Markt umgesetzt werden sollen. Sie ist sehr wichtig, um bei der Durchführung planvoll und systematisch vorzugehen.

Was wollen Sie erreichen?

Die Akquisestrategie ist Teil der Marketingstrategie, welche die grobe Richtung für das Vorgehen des Unternehmens auf dem Markt vorgibt. In der Regel unterscheidet man zwischen vier grundlegenden Marketingstrategien: Marktdurchdringung, Marktentwicklung, Produktentwicklung und Diversifikation. Ausführliche Informationen dazu finden Sie im TaschenGuide „Marketing". Hier verdeutlichen wir im Folgenden beispielhaft, wie sich die vier Strategien auf die jeweilige Akquisestrategie auswirken können.

Marktdurchdringung

Die Unternehmensstrategie sieht vor, den Marktanteil der bestehenden Produkte zu steigern. Ein Ziel kann dabei sein, einen größeren Marktanteil zu besitzen als die Konkurrenz. Auch kleine und lokal orientierte Unternehmen können diese Strategie verfolgen, hier besteht der Markt aus der jeweiligen Region oder Stadt. Für die Akquise heißt das, dass möglichst viele Abnehmer angesprochen werden sollen, größere Differenzierungen entfallen. Nachteil ist, dass sich Kunden oftmals nicht mehr individuell und zufriedenstellend betreut fühlen und große Streuverluste entstehen, d. h., es werden viele Personen angesprochen, für die das Angebot nicht interessant ist.

Beispiel für die Akquise zum Ausbau der Marktanteile

Der größte Friseur am Ort will seine Position weiter ausbauen. In einem Prospekt kündigt er eine Aktion mit Sonderangeboten an und lässt die Wurfzettel an Passanten in der Fußgängerzone verteilen.

Marktentwicklung

Das Ziel: mit den bestehenden Produkten neue Märkte zu erschließen. Beispielsweise kann ein Unternehmen versuchen, sich mit seinen Produkten als Spezialist in einem kleinen Markt mit sehr speziellen Anforderungen zu etablieren. Die Schwierigkeit besteht darin, die Personen mit diesen besonderen Interessen zu erreichen. Hier ist die Adressqualifizierung von besonderer Bedeutung (s. Seite 53). Wer sich aber einmal als Anbieter einer außergewöhnlichen Lösung etabliert hat, kann auf Mund-zu-Mund-Propaganda bauen und viel Akquisebudget sparen.

Beispiel für die Akquise in einem neuen Markt

Ein Kfz-Mechaniker repariert in seiner Werkstatt auch Oldtimer. Er erkennt, dass dies ein lukrativer Markt für ihn ist und sucht gezielt auf Veranstaltungen für die Freunde alter Autos das persönliche Gespräch mit den Teilnehmern. Außerdem bittet er seine Kunden immer aktiv um Empfehlungen.

Produktentwicklung

Ein Unternehmen möchte sein Wachstum dadurch sichern, dass es neue Produkte auf bestehenden Märkten anbietet. Möglichst viele neue Käufer müssen hier möglichst schnell gewonnen werden, um die Entwicklungskosten in kurzer Zeit wieder zu verdienen. Oft ist das Auftreten am Markt dadurch aggressiv. Da in der Regel wenig Erfahrung mit den entsprechenden Kunden und deren Anforderungen vorliegen, ist das Risiko groß, die falschen Personen anzusprechen.

Beispiel für Akquise bei Produktentwicklung

Ein Hersteller von Verpackungen hat eine innovative und umweltfreundliche Lösung für den Versand von CDs entwickelt. Damit sich die Investitionen möglichst schnell bezahlt machen, schreibt er ein zweistufiges Werbemailing an potenzielle Abnehmer und lässt diese zwei Woche später zusätzlich noch von einem Callcenter anrufen.

Diversifikation

Das Ziel: Etwa weil ein bestehender Markt stagniert oder um das Risiko zu streuen, versucht ein Unternehmen mit neuen Produkten auf einem neuen Markt Fuß zu fassen. Diese mit hohem Risiko verbundene Strategie bedeutet also, dass das Sortiment erweitert wird und neue Kundengruppen angesprochen werden. An die Akquisestrategie stellt die Diversifikation daher sehr hohe Anforderungen und in der Regel ist sie mit hohen Kosten verbunden.

Beispiel für Akquise bei Diversifikation

Der Inhaber eines Cafés beschließt, einen Teil seiner Räumlichkeiten abzutrennen und dort einen Zeitschriftenladen zu eröffnen. Weil der Gastwirt oft Veranstaltungen ausrichtet und schriftlich dazu einlädt, hat er eine gut gepflegte Adressdatei mit Kundendaten und -interessen. Zur Eröffnung des Zeitschriftenladens verfasst er personalisierte Anschreiben an diese Besucher.

In 7 Schritten zur Akquisestrategie

In die konkrete Akquisestrategie fließen die Ergebnisse der bisherigen Vorarbeiten ein. Die folgenden sieben Schritte gehören zur Festlegung unbedingt dazu, egal ob es um die Akquise für das gesamte Jahr geht oder um die Monats- oder Tagesplanung.

Schritt 1: Ziele festlegen und ausformulieren. Greifen Sie für diesen Schritt auf Ihre Vorgaben und Überlegungen zurück (s. Seite 20). Formulieren Sie alle Ziele mithilfe der SMART-Formel aus.

Beispiel für die Zielformulierung in der Akquisestrategie

Im Jahr 20XX generieren wir einen Neuumsatz von 100.000 Euro. Dies erreichen wir, indem wir zehn Neukunden mit einem Mindestumsatz von 10.000 Euro pro Jahr gewinnen.

Schritt 2: Bestimmen der Akquiseinstrumente. Wie wollen Sie die Neukunden auf sich aufmerksam machen und für sich gewinnen? Legen Sie fest, welche Instrumente und Maßnahmen zu Ihren Kunden, Ihrem Produkt und Ihrem Unternehmen passen.

Beispiel für die Festlegung von Akquiseinstrumente

Der Erstkontakt zu den Neukunden erfolgt in der Regel telefonisch. Im Anschluss wird Informationsmaterial verschickt. Persönliche Gespräche führen zu den Abschlüssen.

Schritt 3: Definition der geplanten Ergebnisse. Bestimmen Sie, was Sie mit den Maßnahmen erreichen wollen. Nehmen Sie diese Planung für jeden einzelnen Schritt, den Ihre Neukundengewinnung umfasst, vor.

Beispiel für die Ergebnisplanung

Maßnahme	Kundenzahl
Akquiseanrufe bei vorselektierten Adressen	200
30 % der angesprochenen Adressaten wünschen schriftliche Informationen	60
Bei 10 % aller Kontakte erfolgt eine Einladung zu einem Gespräch	20
5 % alle Kontakte gewinnen wir als Neukunden (mit einem Mindestumsatz von 10.000 Euro)	10

Schritt 4: Bestimmen der Kontrollinstrumente. An welchen Zahlen und Statistiken ist ablesbar, ob und in welchem Umfang die Planung umgesetzt wurde?

Beispiel für Kontrollinstrumente

Über alle Akquisetelefonate wird eine Erfolgsstatistik geführt, in der die Gesamtzahl der geführten Gespräche sowie die jeweiligen Ergebnisse aufgelistet sind. Ebenso wird eine Besuchsstatistik geführt, in der die Gespräche vor Ort protokolliert werden. Die Ergebnisse werden in einem monatlichen Report zusammengefasst.

Schritt 5: Disposition der benötigten Ressourcen. Jede Maßnahme, jedes eingesetzte Instrument verlangt den Einsatz gewisser Mittel: Zeit, Geld, Personal, Technik. Was muss wann und in welchem Ausmaß vorhanden sein (s. Seite 46)?

Schritt 6: Überprüfung der Umsetzbarkeit in Bezug auf die Ressourcen. Keine Strategie nutzt etwas, wenn die Umsetzung an mangelnden Reserven scheitert, wenn z. B. das Geld ausgeht oder die Zeit für Gespräche fehlt.

Schritt 7: Entscheidung für die Akquisestrategie und Start der Umsetzung. Sind die einzelnen Schritte sinnvoll aufeinander abgestimmt, die Kontrollinstrumente und die Ressourcen geklärt, dann entscheiden Sie sich bewusst für die ausgearbeitete Akquisestrategie und setzen sich – zeitnah – einen Termin für den Umsetzungsstart.

Beispiel für die Definition des Startzeitpunkts

Die ersten Akquiseanrufe werden in der KW 17 geführt, die ersten Besuche bei Kunden sind für die KW 20 vorgesehen.

Die Akquisationspyramide

Eine gute Orientierung für die Strategieentwicklung bietet die Akquisitionspyramide. Sie beschreibt den idealen Verlauf der Akquise über alle Stufen und Instrumente hinweg. Jeder Schritt ist in der konkreten Ausführung abhängig von Produkt, angesprochener Kundengruppe und auch der Botschaft, die vermittelt werden soll. Entscheidend ist, dass zudem alle Maßnahmen sinnvoll aufeinander aufbauen und stimmig miteinander verbunden sind.

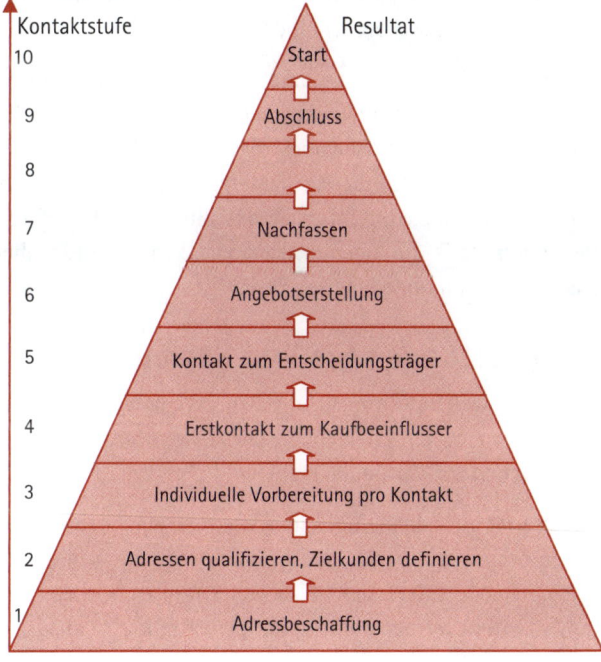

Dabei ist es aber nicht zwingend, alle Kontaktstufen zu durchlaufen. Oft werden Massenprodukte nur per Telefonmarketing oder nur per Mailing beworben. Wenn der Angesprochene nicht reagiert, ist dies das Ende des Kontakts. Andererseits kann ein Messebesuch den Erstkontakt per Telefon überflüssig machen und man steigt gleich in die Angebotsverhandlungen ein.

Die Akquisitionspyramide verdeutlicht einen wichtigen Aspekt der Neukundengewinnung: nämlich, wie groß die Adressbasis sein muss, damit nach allen Kontaktstufen auch tatsächlich ein Geschäft zustande kommt.

Bei jedem Schritt gehen automatisch Interessenten verloren. Einige der Adressen erweisen sich als fehlerhaft, das Gespräch mit dem Entscheidungsträger ist schlecht verlaufen oder die Konkurrenz hat ein besseres Angebot erstellt und den Abschluss erzielt. Achten Sie deshalb immer darauf, dass Ihre Adressbasis groß genug ist. Sonst kann es geschehen, dass Ihre Aktion ohne Ergebnis verläuft.

Berücksichtigen Sie Ihre Ressourcen

Die Frage, welche Mittel für die Akquise zur Verfügung stehen, spielt eine entscheidende Rolle. Klären Sie, welche Reserven Ihnen zur Verfügung stehen.

Akquise ist ein nachhaltiger und langfristiger Prozess. Daher ist es besser, die verfügbaren Ressourcen auf wenige, vielversprechende Interessenten zu konzentrieren, die dann intensiv betreut werden können, als die breite Masse anzusprechen, dann aber keine Mittel für Nachfassaktionen zur Verfügung zu haben.

Finanzielle Ressourcen

Ohne finanzielle Mittel ist Akquise unmöglich. In der Regel wird dafür am Anfang des Jahres ein Budget aufgestellt, das nun möglichst sinnvoll eingesetzt werden muss. Am besten eignet sich dafür eine Übersicht, aus der hervorgeht:

- Welche Gesamtsumme ist für die Akquise eingeplant?
- Wann stehen die Gelder zur Verfügung?
- Sind diese Gelder zweckgebunden? Liegen z. B. schon Rechnungen für Messeauftritte vor, die damit bezahlt werden?
- Unter welchen Bedingungen und wann kann der Betrag aufgestockt werden? Wenn sich z. B. außergewöhnliche Chancen am Markt ergeben, sollte die Budgethöhe neu diskutiert werden.

> Akquisekosten sind keine „lästigen Ausgaben", sondern – sinnvoll eingesetzt – Investitionen in die Zukunft des Unternehmens.

Zeitliche Ressourcen

Zeit ist knapp und kostbar. Und sie ist einer der wichtigsten limitierenden Faktoren bei der Neukundengewinnung überhaupt. Jede Aktion erfordert aber nicht nur während der Durchführung Zeit, sondern zusätzlich noch für Vor- und Nachbereitung, Rückfragen an und von Kunden, Nachverhandlungen etc. Außerdem ist von Bedeutung, wie viele

Aufträge das Unternehmen überhaupt in welcher Zeitspanne bearbeiten kann. Gerade wenn die Produktion von hoch qualifizierten Fachkräften abhängt (z. B. in der Softwareentwicklung), deren Zahl nicht ohne weiteres aufgestockt werden kann, ist dieser Punkt sehr wichtig. Auch wenn Sie als „Einzelkämpfer" für Akquise, Dienstleistung, Vertrieb etc. allein verantwortlich sind, spielt dies eine entscheidende Rolle. Wenn Akquise nur eine von vielen Aufgaben ist, planen Sie feste Termine dafür ein. Überlegen Sie:

Wie viel Zeit soll in die Aktionen investiert werden?

- Mit welcher Vor- und Nachbereitungszeit ist zu rechnen?
- Welche Auftragsmenge kann das Unternehmen in welcher Frist bewältigen?
- Wie viel Pufferzeit ist notwendig?

Personelle Ressourcen

Wer führt die Akquisemaßnahme durch? Man muss nicht alles selbst machen. Callcenter können beispielsweise die Terminvereinbarung, Auftragsannahme und Verkauf per Telefon übernehmen. Werbeagenturen unterstützen Unternehmen beim Erstellen von Werbebriefen, Hilfskräfte beim Eintüten. Auch bei der Nachbereitung ist Delegieren oft sinnvoll, etwa bei der Kundendatenpflege oder der statistischen Auswertung.

Technische Ressourcen

Je nachdem, welche Instrumente zum Einsatz kommen, müssen bestimmte technische Voraussetzungen erfüllt sein, damit die Aktion sinnvoll und reibungslos läuft. Telefon, Faxgerät und E-Mail-Anschluss sind selbstverständlich. Abhängig von dem, was geplant ist, können aber z. B. noch hinzukommen: spezielle Software, entsprechende Serverkapazitäten, umfangreiche Telefonanlagen usw. Diese Ressourcen können in der Regel schnell durch externe Dienstleister eingebracht werden. Wenn Sie allerdings feststellen, dass Ihnen eine wichtige technische Voraussetzung fehlt, müssen Sie dringend nachrüsten. Ähnliches gilt auch, wenn Sie feststellen, dass Geräte stark veraltet sind und Sie in Ihrer Arbeit mehr behindern als unterstützen.

So kommen Sie an Adressen potenzieller Kunden

Wenn Strategie und grundsätzliche Instrumente für die Neukundenansprache feststehen, geht es darum, an die entsprechenden Adressen oder Telefonnummern von möglichen Abnehmern zu kommen, also sie zu selektieren.

Was Adressbroker bieten

Wer eine große Zahl von potenziellen Käufern über ein Werbemailing oder eine Telefonaktion ansprechen möchte, kann sich die entsprechenden Adressen und Telefonnummern bei so genannten Adressbrokern mieten. Zu den bekanntesten zählen Schober (www.schober.de) und Hoppenstedt (www.hoppenstedt.de). Solche Dienstleister sammeln und pflegen Adressen, gruppieren sie nach unterschiedlichsten Gesichtspunkten und bieten sie gegen Entgelt zur Nutzung an. Hier besteht eine sehr große Auswahl an Selektionskriterien. Es ist möglich nach Branchen, Unternehmensgrößen, Rechtsformen etc. zu suchen. Auch für Privatleute sind Selektionen möglich, z. B. nach Kaufkraft, Beruf oder Wohnort. Die Preise für die Adressen sind abhängig von der abgenommenen Menge und den Zusätzen, die bestellt werden. In der Regel fällt für eine Telefonnummer ebenso ein Aufpreis an wie für den Namen eines Entscheiders.

Auf Folgendes sollten Sie bei der Adressbestellung bei einem Dienstleister achten:

- Broker vermieten die Adressen meist. Informieren Sie sich über die Bedingungen, unter denen Sie die Daten nutzen dürfen. Jeder Anbieter liefert Deckadressen mit, anhand derer er überprüft, ob Sie sich an die Regeln halten.

- Entscheidend ist die Qualität der Adressen. Wenn Sie die Hälfte Ihrer Werbebriefe mit „Empfänger unbekannt" zurückbekommen, sollten Sie im Preis nachverhandeln.

- Die Gruppierung der Adressbroker ist immer mehr oder weniger ungenau. Sie müssen also mit Streuverlusten rechnen.

- Machen Sie unbedingt einen Abgleich zwischen den gelieferten Adressen und Ihren schon bestehenden Kunden.

- Bestellen Sie den Namen eines konkreten Entscheiders immer mit. Briefe, die an die „Geschäftsleitung" adressiert sind und mit „Sehr geehrte Damen und Herren" beginnen, haben von vornherein schlechtere Chancen.

So recherchieren Sie die Adressen selbst

Ist Ihre Zielgruppe überschaubar, können Sie die Adressen auch selbst recherchieren. Das könnte z. B. dann der Fall sein, wenn Sie ein sehr spezialisiertes Verfahren anbieten, das ausschließlich für Pharmaunternehmen interessant ist. In diesen Fällen können Sie z. B. auf Branchenbücher und Mitgliederverzeichnisse von Verbänden und Vereinigungen zurückgreifen. Sehr wertvoll sind vor allem die Ausstellerverzeichnisse der entsprechenden Fachmessen oder Teilnehmerlisten von Kongressen. Für die Eigenrecherche gilt:

- Auch bei kleinen Zielgruppen ist dieser Weg zeitaufwendig und damit teuer.
- Die Adressen sind zwar meist aktuell, müssen aber in der Regel noch weiter qualifiziert werden. Der Teilnehmer an einem Kongress muss nicht automatisch auch der Ansprechpartner für Ihre Akquise sein. Wie Sie bei der Qualifizierung vorgehen, lesen Sie ab Seite 53.
- Der Vorteil dabei: Der Streuverlust ist relativ gering. Wenn Sie bei der Recherche bereits feststellen, dass eine zunächst interessante Adresse doch nicht in Frage kommt, nehmen Sie sie einfach aus Ihrem Bestand.

Bitten Sie aktiv um Kundendaten

Am effektivsten und elegantesten ist es natürlich, wenn die Interessenten Ihnen die Adressen selbst zukommen lassen. Dafür gibt es verschiedene Wege. Bei Geschäftskunden sind z. B. Gewinnspiele auf Messen möglich. Einzelhändler können Rabattcoupons in der Fußgängerzone verteilen. Bei Werbeannoncen in Zeitungen oder auf Produktverpackungen können Preisausschreiben mit entsprechenden Antworttalons gedruckt werden. Eine wichtige Quelle ist in diesem Zusammenhang die eigene Firmenwebsite. Wer bei seinem Kontaktbogen oder dem Bestellformular für einen Newsletter bereits Kundendaten abfragt, hat sie sogar schon in elektronischer Form vorliegen und spart sich die Eingabe. Achten Sie aber darauf, dass Sie damit vor der Bestellung oder der Kontaktaufnahme keine psychologischen Hürden aufbauen.

- Adressen, die auf diesem Weg gewonnen werden, sind aktuell und in der Regel vollständig.
- Bei Gewinnspielen und Ähnlichem sind immer Trittbrettfahrer dabei, die sich für das Produkt eigentlich nicht interessieren.
- Wichtig ist der Hinweis darauf, dass die Absicht besteht, Kontakt zu den Antwortenden aufzunehmen. Bieten Sie eine Möglichkeit, dies abzulehnen, z. B. indem eine entsprechende Option angekreuzt werden kann.

Qualifizieren Sie Ihre Adressen

Die Qualität der Adressen ist von entscheidender Bedeutung. Nicht die Anzahl der Kontakte ist für den Erfolg entscheidend, sondern vielmehr das Detailwissen über die einzelnen Interessenten. Je intensiver die vorhandenen Daten mit weiteren Informationen angereichert werden, desto wertvoller werden sie. Wer eine große Mailingaktion mit mehreren tausend Aussendungen plant, wird den Aufwand, die Adressen einzeln zu qualifizieren, vermutlich nicht auf sich nehmen. Handelt es sich aber um eine überschaubare Menge, lohnt sich die Arbeit – spätestens dann, wenn die Einladung zu einem Präsentationstermin vorliegt! Für besonders wichtige Bestands- und Zielkunden mit strategischer Bedeutung sollte ein Check der wichtigsten Informationen ohnehin regelmäßig erfolgen.

Definieren Sie Datenqualitätsstufen

Weil die Qualifizierung sehr aufwändig ist, sollte vorher feststehen, in welcher Qualität die Daten für einzelne Kunden vorliegen müssen. Dieses Vorgehen hat den großen Vorteil, dass stets Kundenadressen auf Vorrat liegen, die für die Akquise in Frage kommen. Die zeitaufwendige und teure Datenrecherche im Vorfeld entfällt.

Die höchste Qualitätsstufe: Zielkunden

Dies sind jene potenziellen Abnehmer, die in Kürze Ziel einer Akquiseaktion sind. Hier sollten alle Angaben von der exakten Anschrift, Telefonnummern mit Durchwahl, Entscheidungsträger, mögliches Auftragsvolumen etc. vorliegen. Wählen Sie für diese intensive Recherche diejenigen Adressen aus, die die größte Aussicht auf einen baldigen Geschäftsabschluss bieten.

Die mittlere Qualitätsstufe: Perspektivkunden

Bei diesen Kunden wurden zwar bereits Adressen, Entscheider und Telefonnummern abgefragt, aber es liegen keine Erkenntnisse über den möglichen Geschäftsumfang, die Anforderungen an Lieferanten oder weitere Kennzahlen vor. Diese potenziellen Abnehmer sind für die mittelfristigen Akquiseplanungen wichtig.

Die unterste Qualitätsstufe: Unqualifizierte Adressen

In diesen Fällen ist nur die reine Adresse oder ein Name vorhanden, alle weiteren Daten müssen erst noch recherchiert werden. Die Qualifizierung und Ansprache dieser Adressen ist eine langfristige Aufgabe.

Wo Sie welche Informationen finden

Je mehr Quellen für die Recherche nach weiteren Angaben zur Verfügung stehen, desto besser. Damit ist gewährleistet, dass das Bild der Zielkunden nicht nur möglichst vielschichtig sondern auch objektiv ist. Immer im Mittelpunkt stehen Namen und Positionen von Entscheidungsträgern. Mit etwas Glück stehen diese Angaben schon auf der Homepage des Wunschkunden. Es kann aber auch sein, dass der Name des

Vertriebschefs unverhofft in einem Zeitschriftenartikel auftaucht.

Veröffentlichungen des potenziellen Kunden

- Firmenhomepage: Je nachdem, wie gut diese Seiten gepflegt sind und wie viel das Unternehmen von sich preisgibt, eignen sich Websites gut zur Recherche. Erfolg versprechend sind vor allem folgende Rubriken:
  - Firmendarstellungen, oft unter dem Namen „Über uns", oder Ähnliches
  - Kontakt (oft finden Sie hier Ansprechpartner mit Anschrift und Telefonnummern aus verschiedenen Abteilungen)
  - Produkte, Dienstleistungen, Preis- und Konditionenlisten
  - Referenzen, Kunden
  - Pressemitteilungen, Firmenphilosophie
  - Impressum
  - Anforderungen an neue Lieferanten

- Geschäftsberichte: Über die Pressestelle des Unternehmens ist der Geschäftsbericht erhältlich – wenn das Zielunternehmen einen solchen erstellt. Neben der Erfüllung von gesetzlichen Informationspflichten gegenüber Anteilseignern dient er vor allem als Instrument der Investor Relations. Er bietet einen guten Überblick über die finanzielle Lage des Unternehmens. Bestandteile sind:

- Jahresabschluss
- Lagebericht
- Umsatz, Gewinn
- Zukunftsprognosen und Entwicklungstendenzen

- Image- und Produktbroschüren: Informationen, die der Zielkunde selbst zur Werbung einsetzt, sind wichtig, um z. B. dessen Philosophie, Zukunftspläne und Qualitätsstandards einschätzen zu können. Oft ist dieses Material auf der Homepage oder direkt beim Vertrieb erhältlich.

Bedenken Sie bei diesen Angaben immer, dass sie nicht aus einer objektiven Quelle stammen, sondern vom Kundenunternehmen gesteuert werden. Deshalb ist es sinnvoll, sich über externe Quellen zusätzliche Angaben zu beschaffen und mit den bisherigen Ergebnissen abzugleichen.

Manchmal helfen auch ganz einfache Maßnahmen, um an Informationen zu kommen. Wer feststellt, dass er über reine Recherchen nicht weiterkommt, sollte es einmal per Telefon versuchen. Rufen Sie im Unternehmen an und fragen Sie nach Ansprechpartnern und Telefonnummern.

Veröffentlichungen anderer über das Zielunternehmen

Wirtschaftsauskunfteien: Diese Dienstleister sammeln Informationen, die vor allem die Bonität, Zahlungsmoral, Finanzen, Verflechtungen etc. von Unternehmen betreffen. Die Angaben sind in der Regel kostenpflichtig. Die Investition lohnt sich aber, um Forderungsausfälle zu vermeiden, vor allem, wenn ein größerer Auftrag in Aussicht steht.

> Die bekannteste Wirtschaftsauskunftei ist Creditreform. Um auf diese Daten zugreifen zu können, müssen Sie Mitglied sein. Weitere Informationen finden Sie unter www.creditreform.de.

- Handelsregister: Rechtliche Basisinformationen über den potenziellen Kunden stehen im Handelsregister, natürlich nur, wenn das Unternehmen aufgrund seiner Rechtsform verpflichtet ist, sich dort einzutragen. Wichtig sind vor allem die Vertretungsberechtigungen, damit Sie sicher sein können, auch einen rechtsgültigen Vertrag abzuschließen.
- Zeitungen und Zeitschriften: Nicht nur große Unternehmen, sondern zunehmend auch kleinere oder mittelständische Unternehmen finden in den Medien Beachtung. Gerade Bekanntmachungen der IHK, Branchen- oder Vereinsmitteilungen können wertvolle Hinweise auf Entscheidungsträger geben. Die Berichterstattung hat den großen Vorteil, objektiv recherchiert zu sein, aber die Ergebnisse gleich in einen größeren Zusammenhang zu stellen.

Vor allem Informationen, die auf Schwierigkeiten bei Ihrem Zielkunden hinweisen, sind von besonderem Interesse. Entweder, weil Sie womöglich die Lösung bieten können, die der Kunde braucht, oder aber, weil Sie feststellen, dass der Kunde z. B. wegen schlechter Bonität doch nicht so interessant ist, wie Sie ursprünglich geglaubt hatten.

Checkliste: Kundendaten

	✓
Unternehmen	
Adresse, Telefon-, Faxnummern, E-Mail- und Internetadresse	
Rechtsform, Handelsregisterdaten, Beteiligungen	
Niederlassungen, Standorte (auch im Ausland)	
Organisation	
Anzahl der Mitarbeiter	
Umsatz, Gewinn, Kostenstruktur	
Branche	
Produkte, Dienstleistungen	
Preise, Konditionen, Serviceleistungen	
Absatzwege, Vertrieb	
Kunden, Referenzen	
Werbemittel, Eigendarstellungen	
Mitbewerber des Unternehmens	
Entscheider	
Name, Vorname, Titel	

	✓
Abteilung	
Position	
Telefonnummer inklusive der Durchwahl	
E-Mail-Adresse	
Kaufbeeinflusser (Assistenten, Stabstellen etc.)	
Name, Vorname, Titel	
Abteilung	
Position	
Telefonnummer inklusive der Durchwahl	
E-Mail-Adresse	

Halten Sie Ihre Adressdaten stets aktuell

Wenn die Daten erstmal beisammen sind, ist es wichtig, sie aktuell zu halten und so zu speichern, dass man schnell und unkompliziert darauf zugreifen kann. Am besten eignet sich dafür eine eigene Adressdatenbank im PC. Bei wenigen Adressen genügen dafür auch schon Standardprogramme wie Excel, Access oder Outlook. Eine kostspielige Spezialsoftware zur Kundenverwaltung ist erst dann sinnvoll, wenn sehr viele Kontaktadressen zu verwalten sind und zudem die Akquisearbeit schon gut strukturiert ist. Denn dann liegen Erfahrungswerte vor, welche Anforderungen die Datenbank in der täglichen Arbeit erfüllen muss.

Anforderungen an Ihre Kontaktdatenbank

Gute Kontakte sind im wahrsten Sinne des Worts bares Geld wert. Entsprechend sorgfältig und professionell sollte der Umgang damit sein.

- Die Daten müssen schnell aufrufbar sein. Die Daten sollten auf Knopfdruck auf dem Bildschirm sein.
- Die Datenbank muss flexibel sein. Eine nachträgliche Anpassung an die persönlichen Erfordernisse sollte möglich sein.
- Eine einfache Bedienung ist Grundvoraussetzung für eine kontinuierliche Pflege der Daten. Alle relevanten Felder sollten eindeutige Namen tragen und ausreichend Platz für Eintragungen bieten.
- Wer eine Aktion plant und durchführt, braucht eine Suchfunktion, die auf alle Felder und Inhalte zugreifen kann.
- Verknüpfungen zwischen den jeweiligen Eintragungen und anderen Dokumenten helfen bei der späteren Kontaktaufnahme. So kann man z. B. Ansprechpartner in einer Firma gruppieren oder Worddateien mit Angeboten an die Adressen anhängen.
- Ein freies Feld für Anmerkungen ist notwendig, um z. B. die Kundenhistorie einzufügen.

Die gesammelten Informationen in Ihrer Datenbank helfen Ihnen in jedem Stadium der Akquise weiter, Einsatzmöglichkeiten gibt es sehr viele, z. B.:

- Wenn Sie mit einem Kunden telefonieren, haben Sie sofort alle erforderlichen Daten bereit, um auf eventuelle Fragen antworten zu können.
- Sie können Angebote gezielt jenen Personen unterbreiten, die bereits einmal Interesse daran oder an vergleichbaren Produkten gezeigt haben.
- Wenn Sie einen Kundentermin vorbereiten, können Sie über Ihre Datenbank kontrollieren, ob Sie womöglich noch weitere Kunden und Interessenten in der Umgebung haben, die Sie ebenfalls besuchen können.

Pflegen Sie Ihre Daten mit Kontaktberichten

Jede Datenbank ist nur so gut, wie sie gepflegt wird. In vielen Betrieben gibt es dafür eigene Kontaktberichte, die nach jeder Kommunikation ausgefüllt und bei nächster Gelegenheit in die Datenbank übertragen werden.

Muster für einen Kontaktbericht

Kunde: **Kundennummer:**

Gespräch mit: Gespräch am:

Entscheider: Eintrag in Datenbank

Beeinflusser: am:

Kontaktart (Telefon, Gespräch, Networktreffen oder Ähnliches):

Gesprächsinhalt/Absprachen/Details zum Geschäft:

Zu veranlassen/bis wann:

Weitere wichtige Hinweise:

Durchführung der Akquise

Wie müssen Werbebriefe aussehen, damit sie die gewünschte Wirkung erzielen? Was gilt es, bei Telefonaten zu beachten?

In diesem Kapitel erfahren Sie, wie Sie

- Ihre Akquisemaßnahmen konkretisieren (S. 64),
- ein persönliches Verkaufsgespräch führen (S. 85),
- Messen und Veranstaltungen für die Akquise nutzen können (S. 92),
- Ihr persönliches Netzwerk für die Akquise nutzen (S. 96) und
- die Akquise nachbereiten (S. 103).

Konkretisieren Sie Ihre Akquisemaßnahmen

Nach all den vorbereitenden Arbeiten geht es nun daran, den Einsatz der einzelnen Instrumente im Detail zu planen und durchzuführen. Wer z. B. vorhat, eine Messe zu besuchen, muss sich um mehr kümmern als nur um den Termin – selbst wenn er nicht mit einem Stand präsent ist. An- und Abreise lassen sich meist problemlos bewerkstelligen, aber z. B. die Reservierung eines Zimmers zur Übernachtung in der Messestadt kann Schwierigkeiten bereiten, wenn man zu lange wartet.

Damit es nicht zu Pannen und kostspieligen Verzögerungen kommt, ist der Einsatz von Checklisten sinnvoll. Abweichungen fallen dann sofort auf und Gegenmaßnahmen können zeitnah ergriffen werden. Wesentlich ist auch, die Kosten im Auge zu behalten. Noch wichtiger werden solche Arbeitsmittel, wenn Dienstleister eingeschaltet werden. Die Zeit, die für Briefing und Kontrolle anfällt, wird oft unterschätzt, und die Kosten schnellen sofort in die Höhe, wenn hier nachträglich Anforderungen an Agenturen oder Ähnliches gestellt werden.

> Jede Akquisemaßnahme ist ein eigenes Projekt, das bis in alle Einzelheiten durchdacht und vorbereitet werden muss.

Werbung per Mailing

Eines der wichtigsten Akquiseinstrumente ist nach wie vor der Werbebrief per Post oder Fax. Bei Unternehmen ist er besonders wegen seiner zahlreichen Einsatzmöglichkeiten beliebt: Die Vorstellung von Produkten und Dienstleistungen ist ebenso möglich wie eine Einladung zu Hausmessen oder zum Tag der offenen Tür. Ein weiterer Vorteil ist die gute Kalkulation der Kosten. Sie selbst bestimmen, wie hoch die versendete Auflage sein soll, wie groß, dick und schwer der Brief ist, ob Sie das Rückporto übernehmen oder nicht usw.

Aber das Akquisemailing hat auch Nachteile. Die Flut an Werbung in den Briefkästen führt dazu, dass viele Menschen Post, die offensichtlich Reklame enthält, nicht mehr öffnen, sondern gleich wegwerfen. Auch in Unternehmen haben Poststellen und Sekretariate häufig die Anweisung, Werbepost sofort auszusortieren. Eine gute Vorbereitung der Aktion und die geschickte Gestaltung des Schreibens erhöht aber die Wahrscheinlichkeit, wahrgenommen zu werden.

Aufbau und Gestaltung des Werbebriefs

Werbemailings gibt es in allen möglichen Varianten. Ausgefallene Materialien oder ungewöhnliche Formate sollen die Aufmerksamkeit des Lesers erregen. Am häufigsten ist aber sicher das Anschreiben im DIN A4-Format mit dem klassischen Briefaufbau. Auch damit lassen sich Kunden noch immer gut ansprechen, wenn einige Regeln berücksichtigt werden.

Achten Sie auf die korrekte Adresse

Eine korrekte Anschrift ist aus verschiedenen Gründen wichtig. Zum einen sind Werbebriefe, die die Post aus formalen

Gründen nicht zustellen kann, hinausgeworfenes Geld. Zum anderen macht es bei den Empfängern einen äußerst schlechten Eindruck, wenn Name, Position und Straße nicht richtig geschrieben wurden.

Die Absenderangaben müssen vollständig sein

Der Empfänger eines Briefs will wissen, von wem er Post bekommen hat. Oft genug werden die Angaben über den Absender vergessen oder sie sind unvollständig und fehlerhaft. Ein Interessent, der anhand der Angaben auf dem Brief Kontakt aufnehmen möchte und dabei scheitert, wird es aber kein weiteres Mal versuchen.

Was beim Anschreiben selbst wichtig ist

Eine der wichtigsten Grundlagen, um einen Interessenten zu gewinnen, haben Sie schon kennen gelernt: die AIDA-Formel (Seite 13). Sie wirkt sich auf verschiedene Briefelemente aus:

- Der Betreff: Der Einstieg ist naturgemäß besonders wichtig. Hier entscheidet der Leser, ob er weiterliest oder das Schreiben wegwirft. Im Betreff muss deshalb entweder gleich ein starkes Nutzenargument oder eine Problemschilderung stehen. Dieser Text ist häufig gefettet, um ihn besser sichtbar zu machen.

Beispiel für einen Betreff

Sie suchen eine Möglichkeit, Ihren Wasserverbrauch zu senken? Bis zu 30 % sind möglich – mit dem Wasserfilter von Hennemann!

- Persönliche Ansprache: Briefe, die mit „Sehr geehrte Damen und Herren" beginnen, zeigen gleich in der ersten Zeile: Hier wurde nicht sauber recherchiert. Wer seinen potenziellen Kunden mit richtig geschriebenem, vollständigem Namen inklusive Titel anspricht, signalisiert: „Ich habe mich informiert und du, lieber Kunde, bist wertvoll für mich." Technisch ist es mittlerweile problemlos möglich, die Briefe zu individualisieren.

> Ein alter Spruch sagt: „Das Wort, das man am liebsten hört, ist der eigene Name." Nutzen Sie die Möglichkeiten der Technik und fügen Sie den Empfängernamen auch im Brieftext nochmals ein.

- Inhalt: Die Versuchung ist groß, im Werbebrief in erster Linie das eigene Unternehmen oder das Produkt ausführlich zu beschreiben. Allerdings stellt sich der Leser dann schnell die Frage, warum er den Brief zu Ende lesen soll. Das bedeutet: Es muss um die Belange des Empfängers gehen, der Nutzen, der er vom Angebot hat, muss im Vordergrund stehen. Ein gutes Werbemailing ist:
  - Aussagekräftig: Der Werbebrief erklärt dem Leser, worin das Angebot besteht, was es kostet und was er davon hat, es anzunehmen.
  - Individuell: Werden in einer Werbewelle verschiedene Kundengruppen angesprochen, ist es sinnvoll, den Inhalt an die Gruppen anzugleichen. Wirkungsvolle Argumente liefert die Kundenanalyse. Je fortgeschrittener und persönlicher der Kontakt mit dem potenziellen Kunden ist, desto individueller muss der Text sein.

— Interessant: Im Idealfall erhält der Empfänger Nachrichten über das eigentliche Angebot hinaus. Dafür eignen sich z. B. Brancheninformationen oder statische Daten. Ergebnis: Der Leser kann mithilfe des Schreibens mitreden.

Beispiel für weitergehende Informationen

Übrigens gehen Experten davon aus, dass Investoren schon in den nächsten drei Jahren massiv Gelder in Schwellenländern einsetzen werden. Mit unserem Angebot profitieren Sie jetzt von diesem Trend!

— Kurz: Je länger der Text ist, desto weniger wird er gelesen.
— Aktivierend: Der Brief muss einen Hinweis auf das weitere Vorgehen enthalten, z. B. die Aufforderung, ein Antwortfax zu schicken. Auch die Ankündigung eines Telefonats durch den Anbieter gehört dazu.

Beispiel

Gern rufe ich Sie nächste Woche an und erläutere Ihnen die besonderen Konditionen im Detail.

- Stil: Nicht nur beim Inhalt, sondern auch bei den einzelnen Sätzen gilt: In der Kürze liegt die Würze. Lange, verschachtelte Sätze ermüden den Leser. Zehn Worte sind das Maximum. Außerdem sollte in jedem Satz nur eine Aussage stehen. Eine klare lebendige Sprache ohne Werbefloskeln und Fachchinesisch erleichtert das Verständnis und trägt dazu bei, dass der Empfänger bis zum Schluss weiterliest.

- Optik: Ein Werbebrief ist in erster Linie Werbung. Daher muss er zum übrigen Unternehmensauftritt passen. Ein Möbelhaus, das vor allem Mitnahmeprodukte an ein junges Publikum verkauft, wird ein anderes Werbemailing erstellen als ein Designershop, der zur Präsentation der neuesten Importe aus Italien einlädt. In allen Fällen gilt: Die Schrift muss ausreichend groß sein und gut lesbar.

> Auch wenn Blocksatz optisch schöner und gleichmäßiger ist, sollten Sie im Anschreiben darauf verzichten. Er ermüdet durch die unregelmäßigen Abstände schnell die Augen des Lesers. Daher ist Flattersatz die bessere Alternative.

- Hervorhebungen: Es gibt verschiedene Möglichkeiten, wesentliche Elemente im Schreiben besonders zu betonen. Überschriften und Hervorhebungen von Wort- oder Satzfragmenten helfen bei der Orientierung im Text. Bilder und Grafiken verdeutlichen das Angebot und ziehen Blicke auf sich. Allerdings ist hier Vorsicht geboten: Zu viele unterschiedliche Elemente, Schriftarten und -größen sowie amateurhafte Abbildungen lassen das Mailing schnell billig und unprofessionell wirken.
- Unterschrift: Der Empfänger will erkennen, wer den Brief erstellt und gegengezeichnet hat. Die Unterschrift muss daher lesbar sein. Sowohl die handschriftliche als auch die eingedruckte Unterschrift sollten blau sein.
- Postscriptum (PS): Untersuchungen haben gezeigt, dass der „Anhang" an den eigentlichen Brief vom Leser beson-

ders wahrgenommen wird. Deshalb gehört hier nochmal ein starkes Argument hinein.

Beispiel für ein Postscriptum

 Antworten Sie bis zum 30.6. und sichern Sie sich das wertvolle Schreibset als Prämie.

Porto, Verpackung und Beilagen

Ein Werbebrief besteht nicht nur aus dem Schreiben allein. Zumindest ein Umschlag und ausreichendes Porto gehören dazu, es sei denn, das Schreiben geht als Fax raus. Beim Porto gibt es zahlreiche Sondertarife für Massenaussendungen, wobei u. a. Briefgröße und -gewicht sowie Auflage eines gleichlautenden Schreibens entscheiden. Nachteil ist, dass der Empfänger schon an der Frankierung ein Massenmailing erkennt. Damit ist eines der Ziele – den Kunden möglichst individuell anzusprechen – in Gefahr. Die Verpackung dient zunächst dazu, das Schreiben sauber und sicher zum Empfänger zu bringen. Das bedeutet, sie muss groß und stabil genug für den Inhalt sein. Eine beigelegte Broschüre sollte nicht schon mit Eselsohren ankommen. Apropos Beilagen: Alles, was im Anschreiben angekündigt wird (Antwortfax, Rabattkupons usw.), muss natürlich im Umschlag vorhanden sein.

Organisatorisches rund um die Aktion

Eine Werbemailingaktion muss gut organisiert werden. Durch die Selektion der Adressen ist bekannt, wie viele Briefe erstellt und verschickt werden. Damit lässt sich eine gute Planung durchführen.

Checkliste: Organisation eines Werbemailings

Ressource/Material/Organisatorisches	ja
Ausreichend Geschäftspapier, Umschläge, Antwortfaxe, eventuell Muster und Proben vorhanden?	
Ausreichend Druckkapazität (z. B. maximale Seitenzahl des Druckers pro Stunde, Tintenpatronen) vorhanden?	
Zeit für das Drucken und Eintüten eingeplant?	
Inhalt des Mailings vollständig?	
Genügend personelle Ressourcen vorhanden?	
Gegebenenfalls Aushilfen bestellt?	
Richtiges Porto?	
Zeit für den Rücklauf eingeplant?	
Telefon während der Aktion ständig besetzt?	
Ausreichend Papier für Antworten im Faxgerät?	
Zeit für die Nachbereitung eingeplant?	

Der E-Mail-Newsletter

Ein Newsletter per E-Mail bietet hervorragende Möglichkeiten zur Kundenbindung und -gewinnung. Der Interessent erhält über ihn je nach Ausgestaltung regelmäßig Informationen über das versendende Unternehmen, dessen Produkte oder über Branchennews. Damit sorgt der Versender in festen Abständen dafür, dass der Empfänger ihn wahrnimmt.

Der Versand eines Schreibens per E-Mail bietet zahlreiche Vorteile. Druck- und Portokosten entfallen, die Mailings sind auch kurzfristig umsetzbar und der Erfolg lässt sich bei entsprechender Technik exakt messen. Gegen Massen-E-Mails spricht allerdings, dass viele Empfänger gleich auf „löschen" klicken oder der Absender schnell auf der Spamfilterliste landet. Außerdem ist der Aufwand für die Erstellung und den Versand erheblich, vor allem, wenn der Newsletter regelmäßig erscheinen und redaktionelle Texte enthalten soll.

Kundenbindung durch Newsletter

- Wenn einige Regeln eingehalten werden, eignen sich die elektronischen Briefe sehr gut zur Kundenbindung.

- Erscheinungsweise: Ein Interessent, der einen Newsletter bestellt, erwartet ihn in regelmäßigen Abständen in seinem Postfach. Je nach Kapazitäten sollte der Brief wöchentlich, 14-tägig oder monatlich erscheinen. Kommt er täglich, wird er schnell als Belästigung empfunden. Bei längerem Erscheinungsrhythmus besteht die Gefahr, zwischenzeitlich in Vergessenheit zu geraten. Termine, die angekündigt werden, müssen auch eingehalten werden, alles andere wirkt unprofessionell.

- Inhalt: Jeder Inhaber eines E-Mail-Accounts stöhnt über die Flut an Schreiben. Nur ein Newsletter, der dem Empfänger nutzt, hat eine Chance, gelesen zu werden. Deshalb gehören nutzwertige Informationen unbedingt hinein. Hier eignen sich z. B. Branchennews, Rückschauen auf Messen und Kongresse, aktuelle Tests.
- Auswertungen: Ein E-Mail-Newsletter bietet eine einmalige Chance, die Interessen des Abonnenten zu erfahren. Technisch ist es problemlos möglich, ein individuelles Schreiben auf jeden Empfänger zuzuschneiden. Geben Sie daher dem Abonnenten bei der Bestellmaske die Möglichkeit, Themenschwerpunkte auszuwählen. Ebenso lassen sich die Klicks auswerten, so können Sie feststellen, welcher Text in der E-Mail wie häufig angesehen wurde.
- Sonderaktionen: Ein guter Service für die Abonnenten sind spezielle Angebote, die nur über Internet geordert werden können.
- Korrektes Erscheinungsbild: Ebenso wie bei einem Geschäftsbrief sind Rechtschreibung, Grammatik und Aufbau des Newsletters für einen professionellen Auftritt unerlässlich.

Rechtliche Voraussetzungen

Wer elektronische Newsletter verschickt, sollte schon aus rechtlichen Gründen darauf achten, dass er von den Empfängern die Erlaubnis dazu bekommt. Der Fachbegriff dazu lautet Permission-Marketing. Ein sicheres Vorgehen ist, auf der Firmenhomepage ein Bestellformular zu hinterlegen, das der Interessent ausfüllen muss. Anschließend geht an die angegebene Adresse eine E-Mail, die der Kunde wiederum bestätigen muss. Erst dann wird der Empfänger in den Verteiler aufgenommen. Im Newsletter selbst muss ein Link vorhanden sein, über den der Empfänger sich jederzeit wieder aus dem Verteiler austragen kann. Grundsätzlich ist es sinnvoll, alles, was das Abonnement des Newsletters betrifft, schriftlich zu bestätigen.

Neukundengewinnung per Telefon

Am Thema Telefonmarketing scheiden sich die Geister. Viele Vertriebler greifen gern zum Hörer, um schnell und unkompliziert mit möglichen Kunden Kontakt aufzunehmen, Produkte vorzustellen und Termine zu vereinbaren. Andere Verkäufer haben eine Scheu davor, einfach irgendwo anzurufen. Zu groß ist die Furcht zu stören, eine Absage zur erhalten und damit gleich beim ersten Kontakt die Chance auf einen Abschluss zu verspielen.

Diese Angst hat verschiedene Ursachen. Zum einen fehlen während eines Telefonats wichtige Kommunikationsmittel, auf die wir uns im Alltag selbstverständlich verlassen: Das Gegenüber kann Bewegungen, Mimik und Körperhaltung nicht sehen, wir können unterstützende Gesten nicht einsetzen. Auch kann das Produkt ausschließlich verbal angepriesen werden. Damit erhält nicht nur die Wortwahl eine entscheidende Bedeutung, sondern auch die Stimme. Viele Menschen sprechen am Telefon zu schnell, zu leise und zu unbetont, um wirklich Spannung und Interesse aufzubauen.

Wie Sie sich auf einen Akquiseanruf vorbereiten

Das beste Mittel gegen Anrufhemmungen ist eine gute Vorbereitung auf das Telefonat – sowohl was die benötigten Informationen als auch was die innere Einstellung betrifft.

Sorgen Sie für Gesprächsaufhänger

Die sogenannte Kaltakquise, also der Anruf bei einem potenziellen Neukunden, ohne dass zuvor in irgendeiner Weise ein Kontakt bestand, ist eine der schwierigsten Aufgaben eines Vertrieblers. Wer sich dazu nicht überwinden kann, sollte den Kontakt mit dem Versand eines persönlich gehaltenen Werbebriefs starten, in dem der Anruf angekündigt wird. Damit hat man einen guten Gesprächsaufhänger, selbst wenn der Angerufene den Brief nicht gelesen hat. Außerdem entsteht mit der Ankündigung eine Verpflichtung, auch tatsächlich anzurufen.

> Zehn Tage Pause zwischen Brief und Anruf sind das Maximum, sonst erinnert sich der Empfänger nicht mehr an das Schreiben. Planen Sie deshalb in jedem Fall ausreichend Zeit für die Nachfassaktion ein.

Je persönlicher der Gesprächseinstieg gestaltet ist, um so größer ist die Wahrscheinlichkeit, dass der Angerufene tatsächlich zuhört. Am besten erkennt der Kunde bereits an dieser Stelle, welchen Nutzen er davon hat, wenn er zuhört. Hier macht sich eine gute, individuelle Vorbereitung bezahlt.

Beispiel für einen individuellen Gesprächseinstieg

> Ich habe in Ihrem Interview in der Zeitschrift Kunststoff aktuell gelesen, dass Sie demnächst auf „on-Demand"-Produktion umsteigen wollen. Wir haben ein Verfahren entwickelt, mit dem Sie die Bestellvorgänge für dieses Verfahren optimieren können.

Erarbeiten Sie einen Telefonleitfaden

Tatsächlich kann es sein, dass man am Telefon nur einmal die Gelegenheit hat, sich und sein Angebot vorzustellen. Um so wichtiger ist es, sich im Vorfeld genau zu überlegen, was man mit welchen Mitteln erreichen will: Geht es darum, einen Präsentationstermin zu erhalten oder soll der Kunde überzeugt werden, ein Produkt zur Probe zu bestellen? Ausgehend vom grundsätzlichen Ziel kann dann ein Gesprächsleitfaden entwickelt werden.

Solche Skripte sind in etwas in Verruf geraten, denn natürlich hört es der Angerufene, wenn die Fragen nur heruntergeleiert werden. Das ist eines der Probleme, die beim Einsatz eines Callcenters auftreten können. Wenn aber der Unternehmensvertreter selbst telefoniert und sich am Leitfaden orientiert, ohne die einzelnen Sätze abzulesen, ist dieser ein sehr gutes Mittel zur Vorbereitung. Denn konkret formulierte Argumente und Fragen, die man drei oder vier Mal durchgelesen hat, prägen sich gut ein und sind während des Gesprächs zum Abruf bereit.

Außerdem ist ein Gesprächsskript eine bewährte Gedächtnisstütze. Jedem kann es passieren, dass er während des Telefonats den Faden verliert. Dann hilft ein Blick auf den vorbereiteten Fragebogen, um wieder in das Gespräch zurückzufinden. In einen Telefonleitfaden gehören:

- Die wichtigsten Fragen, die Sie stellen wollen
- Die grundsätzlichen Bestandteile Ihres Angebots
- Die zentralen Argumente für Ihr Produkt oder Ihre Dienstleistung
- Die entscheidende Frage, die auf Ihr Gesprächsziel hinführt (z.B. die Frage nach einem Präsentationstermin)

So aufgebaut, dient das Skript auch gleich als Checkliste für die Kontrolle am Ende des Gesprächs. Wer vor dem Auflegen noch einmal schnell alle Fragen überfliegt und prüft, ob alle Antworten vorliegen, muss kein weiteres Mal anrufen.

Stimmen Sie sich auf das Gespräch ein

Weil Telefonate so wichtig und oft schwierig sind, ist es notwendig, sich gut darauf einzustellen – auch mental. Wer zuversichtlich in das Gespräch geht, hat bessere Erfolgsaussichten.

- Lesen Sie sich vor dem Anruf nochmal die Informationen über Ihren Gesprächspartner durch. Wenn es vorher schon Kontakte gab, knüpfen Sie im Gespräch an diese an.
- Reservieren Sie sich für die Akquiseanrufe feste Zeiten im Kalender, z. B. jeden Dienstagnachmittag. Dadurch gewinnen Sie Routine.

- Achten Sie während des Gesprächs auf Ihre Haltung und Ihre Mimik. Auch, wenn Ihr Gegenüber Sie nicht sehen kann, hört er an Ihrer Stimme, ob Sie lächeln. Viele Menschen sprechen sicherer im Stehen.
- Führen Sie mehrere Telefonate hintereinander und beginnen Sie mit dem einfachsten. So verzeichnen Sie im Idealfall gleich am Anfang ein motivierendes Erfolgserlebnis. Außerdem reden Sie sich auf diese Weise „warm" für die schwierigeren Anrufe.

> Erfolgreich und natürlich zu telefonieren, ohne dabei in Stereotypen zu verfallen, ist absolut notwendig für die Akquise. Wer bemerkt, dass Verkaufstelefonate ihm dauerhaft Probleme bereiten, sollte deshalb ein entsprechendes Seminar besuchen.

Die Phasen eines Akquisetelefonats

Anrufe verlaufen meist nach einem bestimmten Muster. Sich daran zu halten, hat den Vorteil, dass der Angerufene schon dadurch eine gewisse Orientierung im Gespräch erhält.

Grußformel: Wie stellen Sie sich vor?

Am Beginn des Gesprächs stehen die Begrüßung und die eigene Vorstellung. Beides ist wichtig: Der Adressat erhält dadurch zum einen die Gelegenheit, sich auf das Gespräch einzustellen, und erfährt zum anderen, mit wem er eigentlich verbunden ist. Bewährt hat sich der Aufbau: Gruß, Nennung des eigenen Namens, Nennung des Unternehmens. Das hat den Vorteil, dass der Gesprächspartner durch die Grußformel etwas Vorlauf erhält. Wenn Sie dann Ihren Namen nennen, ist die Wahrscheinlichkeit höher, dass Ihr Gegenüber ihn sich auch gleich merkt.

Beispiel für eine Begrüßungsformel

> Guten Tag, mein Name ist Schmidt von der Firma Softtext. Spreche ich mit dem Verantwortlichen für Qualitätskontrolle, Herrn Weber?

Als Nächstes muss der Angerufene möglichst schnell und genau erfahren, worum es im Gespräch geht. Es folgt also die Kurzvorstellung des Unternehmens und der Produkte des Anrufenden, dann der genaue Grund des Anrufs. An dieser Stelle sollte der vorbereitete Gesprächsaufhänger kommen.

Beispiel für die Vorstellung

> Herr Weber, die Firma Softtext entwickelt Verfahren zur optischen Messung von Abweichungen im Micrometerbereich. Von Ihrer Kollegin, Frau Hinze, habe ich erfahren, dass Sie auf diesem Gebiet gerade ein Projekt vorbereiten.

Analyse: Welche Fragen stellen Sie?

Der große Vorteil eines Telefonats ist, dass ein Dialog entsteht. Im Telefonat können so schon in einem sehr frühen Stadium konkrete Anforderungen an ein Produkt oder eine Dienstleistung ermittelt werden. Dazu ist es aber notwendig, viel und vor allem das Richtige zu fragen. Welche Informationen sind nötig, um ein Angebot auszuarbeiten? Wer ist an der Anbieterauswahl beteiligt? Wann und in welchen Gremien werden Entscheidungen gefällt? Immer gilt: Wer fragt, der führt das Gespräch. Verwenden Sie dazu die sogenannten

W-Fragen. Das sind Fragen, auf die der Kunde nicht mit „ja" oder „nein" antworten kann.

Beispiele für W-Fragen

Wann benötigen Sie die Anwendung? Welche Erfahrungen haben Sie denn mit der XY-Software gemacht? Wie viele Stück produzieren Sie mit der bisherigen Anlage am Tag?

Angebot: Stellen Sie Ihre Leistung vor

Ein Akquisegespräch dient natürlich in erster Linie dazu, mit dem potenziellen Kunden ein Geschäft abzuschließen, einen Präsentationstermin zu erhalten oder eines von beidem zumindest vorzubereiten. In der Angebotsphase

- präsentieren Sie Ihr Angebot. Berücksichtigen Sie gleich die Antworten Ihres Kunden, die er Ihnen auf die W-Fragen gegeben hat.
- nennen Sie Ihre Argumente, die für einen Kauf sprechen.

An dieser Stelle muss das Kundeninteresse im Vordergrund stehen. Der Angerufene wird sich nur dann auf eine Probebestellung oder einen Präsentationstermin einlassen, wenn er einen Nutzen für sich darin erkennt.

Einwandbehandlung: Wie Sie Zweifel ausräumen

Nur selten läuft ein Kundengespräch – egal, ob es persönlich oder telefonisch geführt wird – ohne Einwände des Kunden ab. Solche Vorbehalte sind natürlich und bedeuten nicht, dass das Angebot überhaupt nicht in Frage kommt. Vielmehr will der Interessent in den meisten Fällen Zweifel ausräumen und so Sicherheit gewinnen, die richtige Entscheidung zu treffen. Wichtig ist, die Bedenken des Kunden ernst zu nehmen und darauf einzugehen. Oft steckt hinter den Einwänden eine völlig andere Befürchtung. Wenn ein Kunde sagt, im Moment würde das Produkt nicht gebraucht, kann das auch heißen, im Moment fehlt das Geld, es zu bezahlen. Versuchen Sie herauszufinden, welche Schwierigkeit Ihr Gegenüber tatsächlich sieht. Damit steigen Sie wieder in die Analysephase des Gesprächs ein und präzisieren anhand der Ergebnisse erneut Ihr Angebot.

Beispiel für einen Einwand und seine Behebung

Kunde: Ich weiß nicht, die Menge erscheint mir doch ein wenig zu groß.
Verkäufer: Bei dem genannten Verbrauch von etwa 20 Kilo pro Tag hält diese Menge ungefähr einen Monat. Welcher Bestellrhythmus wäre denn für Ihren Arbeitsablauf und Ihr Lager ideal?

Wenn Sie auch durch geschicktes Nachfragen den eigentlichen Grund für das Zögern nicht erkennen können, sollten Sie einfach konkret nachfragen: „Herr Kunde, was spricht denn aus Ihrer Sicht gegen das Angebot?" Viele Menschen sprechen erst dann ihre Bedenken offen aus.

Terminvereinbarung: Welche Argumente für den Besuch wichtig sind

In vielen Gesprächen geht es an dieser Stelle darum, einen Besuch im Kundenunternehmen zu vereinbaren. Das bedeutet in jedem Fall einen zeitlichen Aufwand für den potenziellen Käufer, den viele scheuen. Einen Termin zu erhalten, ist daher oft schwierig. Der Interessent muss von den Vorteilen, die er davon hat, ebenso überzeugt werden wie vom Produkt selbst. Das Argument „Ich bin gerade in der Gegend" zieht vielleicht für den Verkäufer, dem Kunden ist das wohl eher egal. Für ihn zählen z. B. folgende Begründungen:

- Der Produktnutzen wird erst in der Präsentation deutlich.
- Um das Angebot zu erstellen, muss der Verkäufer das Werk sehen.
- Es sind viele Personen an der Kaufentscheidung beteiligt, die bei einem Besuchstermin alle gleichzeitig und umfassend informiert werden können.
- Das Auftragsvolumen ist (aus Sicht des Kunden) so groß, dass ein persönliches Kennenlernen für die Vertrauensbildung wichtig ist.
- Es handelt sich um ein sehr sensibles Thema, sodass der persönliche Eindruck vom Verkäufer und dessen Unternehmen entscheidend ist.

Fragen Sie den Interessenten, welcher Termin ihm denn für eine Präsentation passen würde. Ein guter Trick ist, ihm dafür zwei Zeitpunkte zur Auswahl zu stellen.

Beispiel für die Frage nach einem Termin

Ich stelle Ihnen und Ihrer Marketingleiterin meine Ideen für Ihren neuen Internetauftritt sehr gern in Ihrem Haus vor. Wann passt es Ihnen denn besser, in der Woche vom 3. bis 8. oder eine Woche später?

Abschluss: Wie Sie das Gespräch professionell beenden

Am Ende des Telefonats ist es wichtig, die Ergebnisse noch einmal zusammenzufassen. Terminvereinbarungen müssen ebenso wiederholt werden wie zusätzliche Informationen oder das weitere Vorgehen. Unterbleibt ein solches Resümee, können Rückfragen oder Missverständnisse zustande kommen. Damit entsteht aber schnell der Eindruck mangelnder Zuverlässigkeit. Geschäftsabschlüsse und Vor-Ort-Termine sollten Sie in jedem Fall schriftlich per Fax bestätigen.

Ein häufiger Fehler ist, das Telefonat nicht richtig zu beenden. Egal wie das Gespräch verlaufen ist, ein Dank an das Gegenüber ist immer angebracht – und sei es nur für die Zeit, die er für Sie erübrigt hat. Ist eine Vereinbarung zustande gekommen, sollte der Kunde noch darin bestätigt werden, die richtige Entscheidung getroffen zu haben.

Beispiel für einen Gesprächsabschluss

> Gut, Herr Tacke, wir sehen uns also nächsten Monat auf der Airtec in Frankfurt. Dort können Sie unser neues Einspritzsystem vor Ort erleben. Ich bin sicher, dass wir Ihnen damit eine Lösung vorstellen, mit der Sie die Betriebskosten erheblich reduzieren können. Vielen Dank, dass Sie sich so viel Zeit für mich genommen haben.

Checkliste: Akquisetelefonat

Vorbereitung	ja
Kundeninformationen bereitgelegt?	
Gesprächsziel festgelegt?	
Telefonleitfaden entwickelt?	
Störquellen ausgeschaltet?	

Durchführung	ja
Begrüßungsformel laut und deutlich ausgesprochen? Namen und Unternehmen genannt?	
Namen des Gesprächspartners notiert?	
Entscheider erreicht?	
Grund für Anruf klar gemacht?	
Nutzen des Gesprächs für den Kunden verdeutlicht?	
Einwände des Kunden ausgeräumt?	
Ggf. Termin für persönliches Gespräch vereinbart?	
Ort, Zeit und Dauer des Termins notiert und im Gespräch wiederholt?	
Ggf. bereits grobe Agenda für den Termin abgesprochen?	
Austausch von Informationsmaterial besprochen?	
Die Entscheidung des Angerufenen bestätigt?	
Dank an den Angerufenen ausgesprochen?	

Nachbereitung	ja
Kontaktbericht für die Nachbereitung ausgefüllt?	
Neue Erkenntnisse in Datenbank übertragen?	
Absprachen aus Gespräch nachbereitet?	

Das persönliche Verkaufsgespräch

Wer es geschafft hat, einen Präsentationstermin im Kundenunternehmen zu erhalten, gehört zumindest in den engeren Anbieterkreis. Damit ist ein Abschluss schon in Reichweite – das sollte für das bevorstehende Gespräch Mut machen. Allerdings wächst auch der Erfolgsdruck, denn zu diesem Zeitpunkt wurde meist schon viel Zeit und Geld in diesen potenziellen Kunden investiert.

Was Sie im Vorfeld beachten müssen

Dass man zu einem Kundentermin pünktlich erscheint, alle Unterlagen parat hat und sich sehr gut in der bisherigen Kundenhistorie auskennt, versteht sich. Darüber hinaus sind aber noch andere Punkte von Bedeutung.

Wer ist bei der Präsentation dabei?

Steht Ihnen eine sehr große Gruppe auf Kundenseite gegenüber, nehmen Sie einen Kollegen mit, um ein Gleichgewicht herzustellen. Sind Fachleute dabei, bitten Sie einen Experten aus Ihrem Unternehmen, Sie zu begleiten und die Spezialfragen zu beantworten.

1. Wie viel Zeit steht für Ihren Vortrag zur Verfügung?
2. Wer nimmt an der Präsentation teil?
3. Welche Teilnehmer kennen Sie?
4. Bei wem fehlen Ihnen Informationen?
5. Zu welchen Abteilungen gehören Ihre Gesprächspartner?

Für jeden Teilnehmer sollten - sauber gebundene – Unterlagen zur Verfügung stehen und natürlich sollten alle Anwesende mit der gleichen Aufmerksamkeit beachtet werden.

Welches Ziel hat das Treffen?

Wie immer steht die Zielfestlegung im Mittelpunkt. Geht es um ein erstes Kennenlernen oder stehen die Verhandlungen schon kurz vor dem Abschluss, so dass nur noch Details geklärt werden? Oft geht schon aus der Zusammensetzung der Teilnehmer auf Kundenseite hervor, in welchem Verhandlungsstadium man sich befindet. Daraus ergibt sich auch das Ziel des Vortragenden. Fragen Sie sich, was Sie dem Kunden anbieten und welche Unterlagen Sie ihm zeigen wollen. Wie wollen Sie Ihr Ziel erreichen? Welche Konditionen bieten Sie ihm an?

Eine wichtige Frage ist, wo der absolute Mindestpreis liegt, zu dem noch geliefert werden kann. Dieser muss schon vor den eigentlichen Verhandlungen feststehen.

Beispiel für die Zielplanung im Verkaufsgespräch

Ziel	Kunde soll das Produktmuster in der Personalabteilung in den Probebetrieb nehmen
Vorgehen	Vorstellen des Musters im Betrieb
	Eigenschaften, die für die Personalabteilungen besonders interessant sind, hervorheben
	Kollegin der Personalabteilung zur eigenen Anwendung bewegen
Weitergehende Angebote	Max. 50 % Nachlass, wenn sich der Abnehmer als Referenzkunde zur Verfügung stellt

Was macht ein gutes Verkaufsgespräch aus

Der Vortrag vor dem Kunden baut sinnvollerweise auf die bisherige Kommunikation auf und konkretisiert die Ergebnisse. Denn die Tatsache, dass man einen Termin erhalten hat, zeigt schon, dass die Argumente bisher überzeugt haben.

Setzen Sie während des Termins auf Individualität

Im Mittelpunkt der Bemühungen steht, die genauen Kundenanforderungen herauszufinden und das Angebot gemeinsam mit dem Interessenten auf dessen konkreten Bedarf zuzuschneiden. Für die Präsentation eines Produkts bedeutet das zweierlei:

- Arbeiten Sie Unterlagen und Vortrag für jeden Kunden individuell aus. Die Ergebnisse der bisherigen Gespräche müssen sich darin wiederfinden. Wer jeden Kunden auf die gleiche Weise anspricht, verschenkt das Potenzial, das in individuellen Angeboten steckt.

- Die Präsentation darf nur einen Teil des Termins beanspruchen. Planen Sie ausreichend Zeit für Fragen des Kunden, die Klärung der passgenauen Ausfertigung des Produkts und die Modifizierungen des Angebots hinsichtlich Lieferbedingungen und Preis ein.

Gestaltung einer PowerPoint-Präsentation

Der optische Eindruck, den ein Vortrag hinterlässt, ist von großer Bedeutung. Standard ist heutzutage eine PowerPoint-Präsentation. Leider versuchen immer noch viele Verkäufer, möglichst alle zur Verfügung stehenden Argumente unterzubringen. Die Folgen sind überladene Folien und unübersichtliche Auflistungen. Dabei ist weniger hier mehr.

- Die Aufmerksamkeit der Zuhörer ist begrenzt. Daher sollten die Anzahl der Folien und die darauf enthaltenen Informationen möglichst klein gehalten werden. Konzentrieren Sie sich auf die wichtigsten Argumente.
- Feste Elemente auf jeder Folie erleichtern dem Publikum die Orientierung. So sollten das Logo und die wichtigsten Informationen immer an der gleichen Stelle erscheinen.

Ohne die entsprechende Technik hilft die Präsentation nichts. Auf Nummer sicher geht, wer das entsprechende Equipment inklusive Ersatzteile selbst zum Kunden mitbringt.

Hinweis: Ausführliche Informationen zu diesem Themenkomplex finden Sie im TaschenGuide „Präsentieren mit PowerPoint" (mit CD-ROM).

Lassen Sie ausreichend Zeit für Fragen

In vielen Unternehmen werden mögliche Anbieter ebenso genau intensiv beobachtet wie z. B. die Konkurrenz. Als Vortragender kann man daher davon ausgehen, dass das eigene Angebot grundsätzlich bekannt ist. Im Termin wollen viele Interessenten den Menschen dahinter kennenlernen und erfahren, inwiefern das Angebot noch auf die eigenen Bedürfnisse angepasst werden kann. Verkäufer können diesen Umstand für eigene Zwecke nutzen, indem sie selbst aktiv Fragen stellen. Dadurch erscheinen sie zum einen als kompetenter Partner und können zum anderen die Anforderungen an das Angebot konkretisieren. Auch hier sollten Sie wieder auf die W-Fragen zurückgreifen. Damit halten Sie das Gespräch am Laufen und bekommen viele wichtige Informationen. Fragen Sie z. B.:

- Was planen Sie in diesem bzw. nächsten Jahr?
- Was sind Ihre Ziele in Ihrer Firma bzw. Abteilung?
- Welche Anforderungen haben Sie an Ihre Lieferanten und Dienstleister?
- Was ist Ihnen in der Zusammenarbeit besonders wichtig?
- Wie oft nutzen Sie die Dienstleistung?
- Wie hoch ist Ihr Jahresbedarf an ...

- Gibt es eventuell noch weitere Abteilungen, die einen Bedarf am betreffenden Angebot haben könnten?
- Warum bestellen Sie gerade bei der Firma XY?
- Welche Erfahrung haben Sie mit den Mitbewerbern gemacht?
- Wie hoch ist der Budgetrahmen für diese Investition?
- Welche Informationen brauchen Sie für Ihre Entscheidung?
- Wer entscheidet außerdem über das Projekt?
- Wie ist der Entscheidungsprozess?

Viele weitere Informationen zum Thema Verkaufsgespräch finden Sie übrigens im TaschenGuide „Verkaufen".

So kommen Sie zum Abschluss

Irgendwann kommt die Zeit, das Geschäft abzuschließen. Erstaunlicherweise verlieren viele Verkäufer gerade in dieser Phase das Ziel aus den Augen und scheuen sich, die Abschlussfrage zu stellen. Meist fürchten sie, diese zu früh zu stellen und damit die Bemühungen zunichte zu machen. Dabei sendet der Kunde in der Regel Kaufsignale aus. Dazu gehört: Er fragt nach Produktdetails, will den Preis und die sonstigen Konditionen wissen, nimmt ein vorliegendes Muster in die Hand und probiert es aus.

Wie das Angebot aussehen soll

Nach den vorangegangenen Gesprächen sollte es keine Schwierigkeiten bereiten, an dieser Stelle ein Angebot zu unterbreiten, das den Anforderungen des Kunden exakt entspricht. Ein gutes Vorgehen ist, die Punkte, die der Interessent als zwingend genannt hat, und die dazugehörenden Produkteigenschaften nochmals explizit hervorzuheben. Wenn die Modifikationen dazu dienten, Einwände zu beheben, sollten auch diese aufgeführt werden. In ein Angebot gehören natürlich der Preis und die Lieferbedingungen.

Stellen Sie aktiv die Abschlussfrage

Es ist völlig normal und ein Zeichen von Professionalität, dass ein Verkäufer an dieser Stelle klären möchte, ob der Kunde ihm den Zuschlag erteilt oder nicht. Geschickte Formulierungen in diesem Zusammenhang sind z. B.: „Welche Auftragsmenge darf ich denn notieren?" Oder „Möchten Sie 25 Stück bestellen oder gleich den Rabatt bei 30 Exemplaren mitnehmen?"

Wenn der Kunde zögert, muss wieder in die Bedarfanalyse eingestiegen werden: Was ist noch unklar? Welche Punkte sprechen gegen einen Abschluss? Oft stecken dahinter ganz einfache Gründe: Die Sichtung aller Anbieter ist noch nicht beendet oder eine übergeordnete Stelle muss noch über das konkrete Angebot informiert werden. Fragen Sie daher nach, wann mit einer Entscheidung zu rechnen ist und zu welchem Zeitpunkt Sie sich erneut erkundigen dürfen.

Messen und Veranstaltungen

Für Aussteller bieten sich auf Messen meist hervorragende Bedingungen für Geschäfte. Besucher können zahlreiche neue Kontakte schließen.

Welche Veranstaltungen kommen in Frage?

Schon aus finanziellen Gründen ist es meist nicht möglich, überall dabei zu sein. Bei der Auswahl ist wichtig:

- Bedeutung für die Branche: Es gibt Messen, Tagungen und Kongresse, bei denen man als Branchenmitglied nicht fehlen darf. Bei weniger bedeutenden Veranstaltungen ist entscheidend, welche Unternehmen insgesamt vertreten sind und wie viele davon als potenzielle Kunden in Frage kommen.

- Informieren Sie sich, wer vor Ort sein wird. Die Position allein ist wenig aussagekräftig. Für den Geschäftsabschluss ist es wichtig, Kontakt zum Entscheider und Budgetverantwortlichen aufzubauen. Dem begegnet man vermutlich auf anderen Veranstaltungen als dem Vorstandsvorsitzenden eines weltweiten Konzerns.

- Welcher zeitliche Aufwand ist nötig? Wie lange dauern An- und Abreise? Genügt ein Tag vor Ort oder ist eine Übernachtung notwendig?

- Mit welchen Kosten ist zu rechnen? Teilnahmegebühren, Eintrittskarten, Verpflegung, Fahrtkosten und Übernachtung – die Ausgaben für den Besuch einer Veranstaltung summieren sich schnell.

> Sehr bequem können Sie Messetermine und weitergehende Informationen über www.auma.de recherchieren. Hier finden Sie nicht nur alle Termine weltweit, sondern auch Preise von Eintrittkarten und Ständen sowie Links zu den Webseiten der Messen.

Bereiten Sie Ihren Messebesuch vor

Sobald die zu besuchenden Messen feststehen, sollte die inhaltliche Planung beginnen. Die Chancen, auf einer Messe „mal ganz spontan" einen Termin bei einem interessanten Gesprächspartner zu erhalten, sind minimal.

Wo Sie Informationen erhalten

Wer als Aussteller vor Ort ist, steht im Messekatalog. Aktualisierungen findet man meist auf der Homepage des Messeveranstalters.

Viele Unternehmen weisen auch von sich aus darauf hin, dass sie auf einer Messe präsent sind. Entsprechende Anzeigen stehen in Branchenzeitungen und auf der Firmenhomepage. Fragen Sie im Vorfeld auch gezielt bei Ihren Kontakten nach, wen Sie auf der Messe treffen können.

Vereinbaren Sie Gesprächstermine

Auf großen Messen tummeln sich zeitgleich mehrere tausend Besucher und viele hundert Aussteller. Um in dieser Menge nicht unterzugehen, sind feste Terminvereinbarungen mit den wichtigsten Kunden unabdingbar. Und je früher diese Absprachen getroffen werden, desto sicherer kommen sie auch zustande. Wer erst eine Woche vor dem Start um ein Gespräch bittet, muss mit einer Absage rechnen.

Messen sind sehr anstrengend, aber mit einer geschickten Terminplanung kann der Stress begrenzt werden.

- Nehmen Sie sich nicht zu viele Treffen pro Tag vor. Bevor Sie gehetzt und unkonzentriert einen schlechten Eindruck bei einem potenziellen Kunden hinterlassen, ist es besser, einen weiteren Tag auf der Veranstaltung einzuplanen.
- Versuchen Sie, Termine pro Messehalle zu bündeln. Damit sparen Sie sich lange Wege.
- Planen Sie ausreichend Pausen ein. Die brauchen Sie aus verschiedenen Gründen:
  - Sie können sich in Ruhe mental auf das nächste Gespräch vorbereiten.
  - Sie geraten auch dann nicht in Zeitnot, wenn sich ein Termin verzögert oder später endet als geplant.
  - Sie können sich auch körperlich zwischendurch erholen und kommen beim nächsten Termin nicht gestresst an.
- Halten Sie die Gespräche selbst eher kurz. Aufwändige Angebotsverhandlungen gehören nicht hierher.

Erstellen Sie einen Messebesuchsplan

Mit den festen Gesprächsvereinbarungen steht das Grundgerüst des Zeitplans. Hinzu kommt der Besuch von Vorträgen, die Beobachtung der Konkurrenz und eventuell noch ein

Treffen mit Netzwerkpartnern. Ein Messebesuchsplan hilft, alle Termine im Griff zu behalten:

Zeit	Stand	Firma/Ansprechpartner
10:00 – 10.20	B 68	Heldmann, Frau Kranz (Rücksprache wegen April-Lieferung)
10.30 – 10 55	B 13	Optilight, Herr Tillmann (wegen Angebot vom 14.5.)
11:00 – 11:05	B 22	Plus Technik, Konkurrenzbeobachtung
11:15 – 12:00	Vortragsraum 144 R	„Neue Methoden zur Reinheitsmessung", Vortrag Prof. Assberg
12: 15 – 13:15		Mittagessen mit Günther Holt
14:00 – 14:10	A 102	Berg, Erstkontakt
14:30 – 15:00	C 35	Detter Software, Empfehlung von Herrn Starke, haben Informationen angefragt
15:00 – 15:30		Pause
15:45 – 17:00	Hallen C und D	Konkurrenzbeobachtung (Stand C 17: Hafner, C 64: Poll, D 12: Piper)

Ohne Termin zu Gesprächen kommen

Viele Besucher kommen mit hohen Erwartungen auf die Messe, wollen sich selbst an vielen Unternehmensständen vorstellen und die eigenen Prospekte unter die potenziellen Kunden verteilen. Übersehen wird dabei aber, dass die Unternehmen aus ganz anderen Gründen an der Ausstellung teilnehmen: Sie investieren hohe Summen, um auf der Messe präsent zu sein und selbst zu verkaufen.

Dennoch ist es natürlich sinnvoll, als Lieferant oder Dienstleister den Kontakt zum Standpersonal zu suchen, obwohl kein konkreter Termin ansteht. Wenn der Stand nicht gerade von Besuchern „überrannt" wird, stehen die Chancen gut, mit einem Verkäufer zu sprechen und so wenigstens Informationen zu sammeln. Oft ergibt sich dann die Gelegenheit, das eigene Angebot vorzustellen. Mit ein wenig Glück wird der Standmitarbeiter dann von sich aus anbieten, den Kontakt mit einem Entscheider herzustellen.

> Statten Sie sich mit ausreichend Visitenkarten, Unternehmensbroschüren, Prospekten etc. aus. Bei den zahlreichen Kontakten, die während einer Messe stattfinden, bieten diese Unterlagen gute Gedächtnisstützen für Ihre Gesprächspartner.

Das Ziel eines Erstkontakts am Messestand sollte sein, die Basis für folgende Telefonate zu legen, und nicht aktiv zu verkaufen. Eine Messe bietet viele gute Aufhänger für den nächsten Brief oder Anruf. Deshalb: Zeigen Sie ernsthaftes Interesse und bleiben Sie im Übrigen zurückhaltend.

Erfolgreiches Networking

Neukundengewinnung über das persönliche und berufliche Netzwerk gewinnt mehr und mehr an Bedeutung. Vor allem in der Dienstleisterbranche, in der die Angebote austauschbar erscheinen, ist die Empfehlung eines Netzwerkpartners oft mehr Wert als aufwändige Präsentationsunterlagen. Die Vorteile liegen auf der Hand: Für die Aufträge, die aus dem Netzwerk kommen, entstehen kaum Akquisekosten und außerdem besitzt man beim Kunden gleich einen Vertrauensbonus, der sonst mühsam aufgebaut werden muss.

Welche Netzwerke gibt es?

Netzwerke gab es in irgendeiner Form schon immer. Früher waren sie als „Seilschaften" verschrien, zumal bei der Geschäftsvergabe die richtigen Beziehungen oft wichtiger waren als die Kompetenz des Auftragsnehmers. Die moderne Form des Networking dagegen weiß um den Wert des einzelnen Kontakts. Die Verwaltung der Daten und der Umgang mit dem Menschen dahinter hat sich professionalisiert.

Klassische Netzwerke

Über Berufs- und Branchenverbände, Vereine und Parteien wurde schon immer Networking betrieben. In der Regel gibt es bestimmte Voraussetzungen, um der Gruppe beitreten zu können. Manchmal reicht es, einfach nur einen bestimmten Beruf zu haben, in anderen Fällen kann man sich gar nicht selbst um die Mitgliedschaft bewerben, sondern muss vorgeschlagen werden.

Je nach Ausrichtung des Netzwerks bietet eine Mitgliedschaft große Vorteile. Da sich darin z. B. nur Branchenangehörige treffen, eignet es sich hervorragend zum Informationsaustausch. Auch Geschäfte kommen schnell untereinander zustande.

Informelle Netzwerke

Alle Menschen verfügen über Kontakte, ganz gleich ob sie dies als Netzwerk bezeichnen oder nicht. Kollegen, Geschäftspartner Freunde und Bekannte, Nachbarn und Verwandte – jeder, der weiß, was man macht, kommt grundsätzlich als Empfehlungsgeber in Frage.

Wer sein Netzwerk für die Akquise nutzen möchte, sollte sich zunächst einmal einen Überblick über seine bestehenden Kontakte und die Querverbindungen verschaffen. So werden auch Lücken im Netzwerk deutlich, die anschließend gezielt geschlossen werden sollten.

> Erzählen Sie jedem, was Sie tun, wenn sich die Gelegenheit dazu ergibt. Sie werden sich wundern, wie viele gute und interessante Kontakte und Anregungen Sie auf diese Weise erhalten.

Networking-Plattformen

Seit einigen Jahren bietet das Internet hervorragende Möglichkeiten, das eigene Netzwerk zu pflegen. Bekannte Plattformen sind z. B. www.xing.de oder www.linkedin.com, die ihren Service kostenpflichtig zur Verfügung stellen. Mitglieder tragen ihre Daten in eine Kontaktmaske ein und verknüpfen ihr eigenes Profil mit demjenigen von Bekannten, Kollegen, Freunden etc. Wichtig sind die Angaben, was man im Netzwerk sucht (z. B. Kooperationspartner für Projekte) und was man zu bieten hat (z. B. Erfahrung im chinesischen Bankensektor). Über Suchfunktionen können dann Anbieter und Suchende zusammenfinden. Eine weitere gute Gelegenheit, sich im Netzwerk einen Namen zu machen, sind Foren zu unterschiedlichen Themen.

Grundregeln fürs Netzwerken

Beim Netzwerken gibt es eine einfache Regel: Geben und Nehmen müssen sich die Waage halten. Wer sich selbst immer nur weiterempfehlen lässt, ohne etwas in das System einzubringen, steht bald allein da. Die Möglichkeiten, sich positiv im Netzwerk zu engagieren sind vielfältig, z. B.:

- Vermitteln Sie einem Netzwerkpartner einen geschäftlichen Kontakt.
- Geben Sie wichtige Informationen weiter.
- Organisieren Sie Treffen für Ihre Netzwerkpartner, um die Kontakte untereinander zu intensivieren.
- Vergeben Sie selbst Aufträge innerhalb Ihres Netzwerks.

Erwarten Sie keine Gegenleistung für Ihren Beitrag. Oft vergeht eine lange Zeit, bis sich das Engagement auszahlt, und häufig entsteht ein Geschäft über mehrere Ecken.

Übrigens sollten Sie auch ausgewählte Kollegen aus Konkurrenzunternehmen in Ihr Netzwerk aufnehmen. Es gibt immer Gelegenheiten, sich über Branchenneuigkeiten auszutauschen, ohne dass man dem eigenen Geschäft schadet. Für die eigene Karriere kann es sogar entscheidend sein, Kontakte zum Wettbewerber zu besitzen.

Aktiv um Empfehlungen bitten

Jeder verlässt sich bei Anschaffungen oder der Vergabe von Aufträgen gern auf Tipps von Freunden und Bekannten – egal, ob er einen Fachanwalt für Arbeitsrecht sucht oder sich einen neuen Computer zulegen möchte. Empfehlungen sind daher für die Neukundengewinnung sehr wichtig und viele Unternehmer bitten ihre Kunden aktiv darum.

Wer könnte noch Bedarf haben?

Selbst bei der besten Marktrecherche gibt es potenzielle Kunden, die durch die Maschen fallen, weil sie z. B. einer Branche angehören, die noch nicht bearbeitet wurde, oder in einer anderen Region sitzen. Über Kundenkontakte ergeben sich Chancen, auch solche Interessenten zu erreichen.

Persönliche Empfehlung von Geschäftskunden

Wer im Business-to-Business-Geschäft unterwegs ist, kann sich recht sicher sein, dass seine Kunden über ein großes Netz an Kontakten verfügen. Äußert sich der Kunde nach Projektabschluss zufrieden, ist es problemlos möglich, nachzufragen, ob er nicht jemanden aus seinem Netz kennt, der ebenso die Dienstleistung oder das Produkt brauchen kann. Wenn dann ein Name fällt, bitten Sie gleich um die Kontaktdaten des potenziellen Neukunden. Fragen Sie aber immer nach, ob Sie sich bei der Ansprache auf den Tippgeber berufen dürfen. Die Bitte um Empfehlungen sollte übrigens auf keiner Rechnung fehlen.

Beispiel für eine Formulierung auf der Rechnung

Herzlichen Dank für Ihren Auftrag. Ich bin sicher, dass Sie mit Ihrer neuen Telefonanlage immer eine reibungslose Kommunikation haben werden. Bitte empfehlen Sie mich weiter.

Empfehlungen sind nicht selbstverständlich. Deshalb ist es wichtig, sich beim Tippgeber zu bedanken, auch dann, wenn kein Geschäft zustande gekommen ist. Außerdem ist es gut, wenn man sich einmal revanchieren kann.

Empfehlungen von Privatkunden

Vor allem Dienstleister wie Friseure oder Kosmetiker betreiben schon lange und sehr professionell Empfehlungsmarketing. Oft erhält der Käufer an der Kasse kleine Karten, auf die er seinen Namen eintragen kann und die er dann an Freunde oder Bekannte weiterreicht. Kommt dann der neue Kunde mit dieser Empfehlungskarte in das Geschäft, erhält der Empfehlungsgeber eine Prämie. Diese Form der Kundenansprache wird immer wichtiger, weil viele Privatkunden nicht auf Werbung im Briefkasten oder per Handzettel reagieren.

Beispiel für eine Bitte um Empfehlung bei Privatkunden

Eine selbstständige Fußpflegerin hat sich in einem Kosmetiksalon eingemietet. Viele Kunden wollen ihr beim Bezahlen noch ein Trinkgeld geben. Sie wehrt dann ab: „Ich freue mich, dass Sie zufrieden sind. Empfehlen Sie mich weiter, das ist der schönste Lohn für mich."

Wie Sie an Empfehlungsschreiben kommen

Bestehende Kunden, die mit einer individuellen Lösung zufrieden sind, sind oft gern bereit, ein Empfehlungsschreiben auszustellen. Dennoch ist die Frage danach immer ein Risiko. Lehnt der Kunde ab, kann das das Geschäftsverhältnis trüben. Überlegen Sie daher:

- Zu welchen Kunden besteht ein guter, enger Kontakt?
- Bei welchem Kunden ist ein Auftrag von entsprechender Größe ausgesprochen gut gelaufen?
- Welcher Kunde ist sehr bekannt und bedeutend in der Branche, wessen Meinung hat besonderes Gewicht?
- Haben Sie in der Vergangenheit individuelle Lösungen entwickelt, die bei den Abnehmern besonders deutliche Vorteile ausgelöst haben?

Bei diesen Kunden bestehen gute Aussichten, ein Empfehlungsschreiben zu erhalten. Der Brief gehört dann in die Präsentationsmappe, die an Neukunden geht, Ausschnitte daraus können auch auf der eigenen Homepage unter „Referenzkunden" stehen. Das Schreiben selbst sollte nicht zu speziell auf den einzelnen Auftrag eingehen, sonst ist es womöglich auf weitere Interessenten nicht übertragbar. Gleichzeitig ist aber auch wichtig, dass nicht nur Selbstverständlichkeiten aufgeführt werden.

Beispiel für ein Empfehlungsschreiben

> In der Zeit vom 1.2. bis 5.2.20XX hat die Firma Balte Profiküchen in unserer Kantine eine neue Edelstahlküche mit einer Kapazität von 400 Portionen pro Tag eingebaut. Schon im Vorfeld fielen uns die ausgezeichnete Beratung und die vielen innovativen Ideen, die Herr Balte für die oft schwierigen räumlichen Verhältnisse vorstellte, positiv auf. Der Einbau erfolgte zügig und unter minimaler Lärmbelästigung für die Belegschaft. Wir sind mit unserer neuen Kantine von Balte Profiküchen sehr zufrieden und empfehlen Herrn Balte und sein Team gern weiter.

So bereiten Sie die Akquise nach

Ebenso wichtig wie die Vorbereitung ist die professionelle Kontrolle einer Akquiseaktion. Denn nur so wird klar, ob die Ziele erreicht wurden. Die Ergebnisse aus dieser Rückschau geben wertvolle Hinweise auf die Wirksamkeit der Instrumente, auf Defizite im eigenen Verkaufsverhalten oder auf eine ungenaue Zielgruppenanalyse. Nur wenn Mängel erkannt werden, können Gegenmaßnahmen ergriffen werden, bevor die nächste Werbewelle läuft. So kommen Sie zu verbesserten Werbemitteln und mehr Sicherheit in der Akquise.

> Legen Sie bereits in der Planungsphase einen Termin fest, zu dem Sie die Rückschau vornehmen werden. So stellen Sie sicher, dass diese nicht vergessen wird.

Faktensammlung als Grundlage

Wieder steht am Beginn der Arbeit die Informationssammlung. Wer beständig seine Aktivitäten in puncto Akquise dokumentiert, hat alle Daten zur Verfügung, die er für eine sinnvolle Rückbetrachtung benötigt.

Wie Sie den Erfolg kontrollieren

Zu Beginn werden Einsatz und Ergebnis ins Verhältnis gesetzt. Eine wichtige Kennzahl bei Werbemailings ist die Rücklaufquote: Wie viele potenzielle Kunden haben einen Werbebrief erhalten? Wie viele haben geantwortet? Fällt eine angeschriebene Gruppe besonders auf?

Beispiel für die Berechnung von Rücklaufquoten

Auflage des Werbemailings: 2896 Briefe, Antworten: 34. Die durchschnittliche Rücklaufquote beträgt 1,176 %. Bei Empfängern aus dem Postleitzahlenkreis 74 und 75 liegt sie bei 1,9 %.

Auch bei Akquiseanrufen und persönlichen Besuchen ist eine solche Erfolgskontrolle problemlos möglich. Wie viele Akquisetelefonate wurden geführt? Wie viele Zielpersonen waren erreichbar? Wie oft ist man erfolgreich gewesen, hat also z. B. einen Präsentationstermin erhalten? Wie viele Besuche bei Kunden haben tatsächlich stattgefunden? Wie viele Geschäfte sind am Ende der Bemühungen herausgesprungen? Weitere Werte, die den Erfolg der Maßnahmen widerspiegeln, sind:

– Umsatz

– Gewinn

– Deckungsbeitrag

– Abschlussquote

– Neukundenzahl

– Anzahl oder Einheiten der verkauften Produkte

Zum Abschluss werden die erreichten Zahlen mit den Zielen verglichen. Gibt es Abweichungen? Haben sich die Vorgaben als realistisch erwiesen?

Welche Schlussfolgerungen lassen sich ziehen?

Ein Teil der Informationen ist sofort nutzbar, z. B. die Tatsache, dass eine Zielgruppe besonders gut auf das Werbemittel anspricht. Andere Werte müssen erst interpretiert werden. Wenn z. B. die gleichen Interessenten, die auf das Mailing besonders gut geantwortet haben, auf den folgenden Anruf sehr schlecht reagieren, muss nach dem Grund gefragt werden. So ist möglich, dass im Anschreiben Erwartungen geweckt werden, die sich im Gespräch nicht bewahrheiten. Oder aber, der Anrufende verfügt nicht über ausreichende Fähigkeiten im Telefonverkauf.

Stellen Sie Ihr Verhalten auf den Prüfstand

Wer regelmäßig Bilanz über die zurückliegenden Akquisetätigkeit zieht, kann sich anhand der Ergebnisse kontinuierlich verbessern. Das gilt insbesondere für das persönliche Verkaufsgespräch. Wichtig sind vor allem folgende Fragen:

– Was ist besonders gut gelaufen?
– Welche Fehler sind vorgekommen?
– Waren alle Unterlagen und Informationen vollständig?
– Habe ich auf alle Fragen antworten können?
– Welche Einwände sind gekommen?
– Habe ich alle Einwände entkräften können?
– Welche Erfolge hatte ich in letzter Zeit?
– Wie sind diese zustande gekommen?
– Welche Formulierungen sind mir besonders gut gelungen?
– Kann ich dies auf andere Situationen übertragen?
– Was bedeutet mein Erfolg für die Zukunft?

Nehmen Sie Veränderungen vor

Eine Rückschau ist nur so gut, wie die Konsequenzen, die man daraus zieht. Wenn die Schlussfolgerungen aus den Daten vorliegen, ist es an der Zeit, sie auch umzusetzen. Das betrifft alle Werbemittel und alle Kontaktstufen. Schon um Eintönigkeit in den Mailings, langweilige Formulierungen in Telefonaten und uninteressante Folien in Präsentationen zu verhindern, sollte jedes Instrument mindestens einmal im Jahr auf den Prüfstand gestellt werden. Informieren Sie sich über neue Entwicklungen und Forschungsergebnisse, die die Werbung betreffen.

- Verwenden Sie modernere Formen des Mailings (anderes Format, anderes Material, Einbinden von „Gimmicks" wie kleine Tüten mit Gummibärchen etc.)
- Nutzen Sie neue technische Möglichkeiten (Werbung per SMS, Versand von Duftproben per Mailing)

Die menschliche Seite der Akquise

Geschäfte finden letztlich immer zwischen Menschen statt. Ein wesentlicher Erfolgsfaktor ist daher die Einstellung zu Produkt, zum Kunden und zur Tätigkeit des Verkaufens. Auch der Umgang mit inneren Barrieren kann entscheidend dafür sein, ob ein Auftrag zustande kommt oder nicht.

Lesen Sie in diesem Kapitel, wie Sie

- Ihre innere Einstellung optimieren (S. 108),
- Beziehungen pflegen (S. 115) und
- innere Barrieren überwinden (S. 121).

Ihre persönliche Einstellung

Es ist wissenschaftlich erwiesen, dass Menschen, die an ihren persönlichen Erfolg glauben, auch tatsächlich erfolgreicher sind. Doch auch mit der richtigen Einstellung bedeutet Akquise viel Arbeit und oft genug müssen auch hier Rückschläge hingenommen werden. Aber es ist dann einfacher, damit umzugehen, daraus zu lernen und einen neuen Anlauf zu starten.

Wo sich die persönliche Einstellung bemerkbar macht

Ob jemand mit sich, seiner Tätigkeit und dem Umfeld in Einklang steht, ist an verschiedenen Verhaltensweisen erkennbar und oft auch beeinflussbar.

Welches Selbstbild habe ich?

Wer nicht an sich selbst glaubt, aus Unsicherheit keine Kritik annehmen kann oder aus falsch verstandenem Harmoniebedürfnis heraus Diskussionen aus dem Weg geht, behindert sich selbst in seiner Arbeit. Selbstbewusstsein, effektives Arbeiten und eine gewisse Lockerheit hingegen helfen im Kundenkontakt weiter:

- Man strahlt mehr Kompetenz aus.
- Die eigene Position wird besser vertreten.
- Die Bereitschaft steigt, aus Fehlern in Aktionen und Gesprächen zu lernen.

- Man kann mit Ängsten und Bedenken offen umgehen.
- Es fällt leichter, sich für die anstehenden Aufgaben zu motivieren.

Wie ist der Umgang mit dem Umfeld?

Gerade die Akquise ist komplexer Prozess, in den zahlreiche verschiedene Faktoren einfließen. Dazu gehören natürlich Produkt und Kunde, aber auch der Kontakt zu den Kollegen und Vorgesetzten spielt eine wichtige Rolle. Offenheit, Ehrlichkeit und echtes Interesse für die Belange des anderen und an den Eigenschaften des Produkts zeigen, dass es nicht um „Umsatz um jeden Preis" geht. Vielmehr steht dann im Vordergrund, gemeinsam Lösungen zu finden, die allen Beteiligten weiterhelfen. Auf dieser Ebene entscheidet sich:

- wie die Kommunikation abläuft,
- in welchem Ausmaß Kundenorientierung tatsächlich gelebt wird.

Welche Einstellung besteht zur Sache?

Viele Menschen haben Schwierigkeiten, sich selbst als Verkäufer zu sehen. Es ist ihnen unangenehm, bei einem Unbekannten anzurufen und ihr Produkt oder gar sich selbst und die persönliche Dienstleistung anzupreisen. Womöglich fällt es auch schwer, sich mit der angebotenen Ware oder Dienstleistung zu identifizieren. Eine der Folgen ist z. B., dass die Akquise immer wieder aufgeschoben wird, nicht systematisch vorbereitet wird oder Nachfassaktionen unterbleiben. Diese Ebene ist entscheidend

- für die Festlegung von Prioritäten,
- für die Beratungsleistung im Kundengespräch,
- für Loyalität zum Unternehmen,
- die langfristige Zufriedenheit im Berufsleben.

Wie Sie mit und an Ihrer persönlichen Einstellung arbeiten können

Viele Faktoren sind beeinflussbar und können die tägliche Arbeit stark vereinfachen, wenn Sie sie verbessern. Wer an seiner Einstellung zur Akquise, zur eigenen Tätigkeit oder zum Kunden arbeiten möchte, sollte zunächst eine Bestandsaufnahme machen.

> Selbstbild und Fremdbild weichen meist voneinander ab. Um Ihre Schwachpunkte herauszufinden, sollten Sie daher einen guten Freund um eine ehrliche Einschätzung Ihrer Personen und Ihrer Arbeit bitten.

Welcher Typ bin ich eigentlich?

Schüchtern, extrovertiert, sachlich oder gefühlsbetont? In der Regel bereitet die grundsätzliche Einschätzung der Persönlichkeit keine großen Probleme. Hier etwas ändern zu wollen, ist meist kontraproduktiv: Wer sich als zurückhaltender Typ eine forsche Vorgehensweise verordnet, wirkt schnell unglaubwürdig. Deshalb ist es wichtig, dass die Form der Akquise nicht nur zum Produkt passt, sondern auch auf den Verkäufer ausgerichtet wird.

Beispiel für Akquisetypen in einem Unternehmen

Verkäufer	Typ	Vorgehen
Fischer	zurückhaltend, verbindlich	Wird mit zunehmender Dauer des Kontakts sicherer, die Akquise erfolgt über mehrere Stufen und eher zurückhaltend. Ist bei Bestandskunden sehr beliebt und verfügt über ein großes Netzwerk. Anrufe bei unbekannten Empfängern verunsichern eher. Besonderes Talent für persönliche Werbebriefe.
Huber	sachlich	Überzeugt vor allem durch nüchterne Vorstellung der Produktvorteile, emotionale Ebene wird oft nicht beachtet. Erzielt besonders viele Abschlüsse, wenn das Muster vor Ort eingesetzt wird, ist deshalb vor allem auf Messen präsent.
Schiller	extrovertiert	Redet gern, kann aber auch gut zuhören und auf Kundeninteressen eingehen. Arbeitet besonders gern und erfolgreich am Telefon. Verpasst aber oft, im Gespräch die Abschlussfrage zu stellen.

Welche Faktoren können beeinflusst werden?

Bei der Organisation sind Veränderungen möglich und in vielen Fällen auch notwendig. Wenn die Arbeitsweise ineffektiv ist, Aktionen nicht gründlich vorbereitet werden oder das Zeitmanagement aus dem Ruder läuft, besteht Handlungsbedarf. Besonders wichtig ist die Arbeit an Defiziten, die beim Kunden offensichtlich werden. Das sind z. B.:

- Unpünktlichkeit: Wer Kunden warten lässt, bereitet sich selbst einen denkbar schlechten Start. Deshalb gehört eine gute Anfahrtsplanung und ausreichender zeitlicher Puffer unbedingt zur Vorbereitung. Wenn Sie tatsächlich einmal für längere Zeit im Stau stehen, sollten Sie das Handy und entsprechende Telefonnummer parat haben, um die Verspätung anzukündigen.
- Zusagen werden nicht eingehalten: Die sorgfältige Nachbereitung von Kundenkontakten ist ein absolutes Muss. Gehen Sie unmittelbar nach dem Termin oder dem Telefonat Ihre Notizen durch und veranlassen Sie, dass Muster, Proben, Angebote etc. sofort verschickt werden.
- Unsystematisches Vorgehen: Ein bereits bestehender Kunde bekommt ein Werbemailing oder erhält widersprüchliche Informationen. Die Folge: Er ist natürlich irritiert. Schnell macht dann der Spruch die Runde: „Da weiß die rechte Hand nicht, was die linke macht" – ein Eindruck, den sie vermeiden sollten. Sorgen Sie dafür, dass Sie jederzeit den aktuellen Stand der Kundenbeziehung vorliegen haben, und tragen Sie Änderungen zeitnah ein.

Die Verbesserung dieser Punkte gehört in die Zielplanung unter „Qualitative Ziele" (vgl. Seite 21). Denken Sie bei der Ausformulierung an die SMART-Formel.

Wie entsteht ein offener Informationsaustausch?

Grundvoraussetzung für eine erfolgreiche Akquise ist eine offene Kommunikation zwischen Verkäufer und Abnehmer. Das wiederum setzt gegenseitiges Vertrauen und Respekt voraus. Wer im Kundenkontakt ausschließlich auf seinen eigenen Vorteil bedacht ist, den Umsatz in jedem Fall mitnehmen will und den Interessenten nicht in dessen Sinne berät, wird langfristig keinen Erfolg haben.

- Beweisen Sie Interesse an den Belangen Ihres Gegenübers, egal ob es sich um Ihren Kunden, Ihren Vorgesetzten oder einen Kollegen handelt. Stellen Sie offene Fragen und bleiben Sie im Tonfall immer freundlich. Suchen Sie mit dem Gesprächspartner gemeinsam Lösungen.
- Hören Sie aktiv zu. Eine offene und zugewandte Körperhaltung signalisiert Aufmerksamkeit. Halten Sie Blickkontakt zum Kunden, gehen Sie auf seine Fragen und Anmerkungen ein und ermuntern Sie ihn, weiterzureden.
- Empfehlen Sie dem Kunden dasjenige Produkt, das ihm am meisten nutzt, auch wenn Sie dadurch womöglich weniger Umsatz erzielen. Ihr Abnehmer wird es Ihnen beim Folgeauftrag danken.
- Einen sehr schlechten Eindruck hinterlässt, wer über Kollegen, das eigene Unternehmen oder die Konkurrenz lästert.

Wie können Sie Ihre Einstellung zur Akquise verändern?

Wer sich selbst nicht mit den Aufgaben eines Verkäufers identifizieren kann, sollte sich überlegen, welche Faktoren dafür verantwortlich sind.

- Der erste Schritt hin zu einem positiven Bild der Akquise ist ein Perspektivenwechsel: weg vom Umsatzjäger hin zum Problemlöser für Kunden. Ein guter Verkäufer ist in jedem Fall ein guter Berater, jemand, der dem Interessenten hilft, das genau passende Angebot für seine Bedürfnisse zu finden. Mit dieser Definition können sich die meisten Menschen identifizieren. Damit rücken die Bedarfsanalyse im Kundengespräch und die Individualisierung des Angebots in den Mittelpunkt der Bemühungen des Verkäufers.

- Kritisch wird es, wenn der Verkäufer nicht hinter dem Produkt steht, das er vertreiben soll, weil z. B. die Qualität nicht seinen Ansprüchen gerecht wird. Es ist fraglich, ob er dann die Vorteile mit Nachdruck vertreten kann, er den Kunden tatsächlich begeistern kann. Wer Probleme mit dem Angebot hat, sollte zunächst erneut in die Nutzenanalyse des Produkts einsteigen und diese Punkte exakter ausarbeiten. Wird er dort nicht fündig, kann es notwendig sein, das Produkt oder die Dienstleistung zu verändern und weiterzuentwickeln.

- Oft hilft es auch, das Image, das man in der Öffentlichkeit hat, zu verändern. Niemand vertritt z. B. gern eine Firma, die als Umweltverschmutzer gilt. Beim jährlichen Check der Werbemittel sollte auch überprüft werden, ob Aussage, Erscheinungsbild und Sprache mit dem Selbstbild des Unternehmens übereinstimmen.

> Auf Dauer kann niemand etwas gegen seine Überzeugung vertreten. Es gilt die Regel: Love it, change it, or leave it. Gibt es langfristig keine Lösung für den inneren Konflikt, hilft nur, das Metier zu wechseln.

Pflegen Sie Ihre Beziehungen

In erstaunlich vielen Unternehmen wird im Umgang mit den Kunden ein schwerer Fehler begangen: Während in der Akquisephase vor dem Abschluss keine Mühen und Kosten gescheut werden, um das Geschäft ins Haus zu holen, erlahmt das Engagement anscheinend sofort nach der Unterschrift. Das kann aus mehreren Gründen fatal sein:

- Gerade am Beginn einer Geschäftsbeziehung ist es wichtig, dem Kunden die Sicherheit zu vermitteln, die richtige Entscheidung getroffen zu haben.
- Viele Unternehmen bestellen anfangs nur kleine Mengen, um den Anbieter zu testen. Nur wer sich im alltäglichen Kontakt bewährt, erhält die wirklich lukrativen Aufträge.
- Auf die zunehmende Bedeutung von Empfehlungen haben wir schon hingewiesen. Kunden, die unzufrieden sind, oder das Gefühl haben, ihr Auftrag würde nicht wirklich engagiert bearbeitet, geben allerdings eher den gegenteiligen Tipp, nämlich von dem eher mäßigen Unternehmen die Finger zu lassen. Über schlechte Erfahrungen wird ungleich häufiger geredet als über gute.

- Es ist wesentlich teurer und aufwändiger, einen neuen Kunden zu gewinnen als einen bestehenden zu halten und zu pflegen.
- Auch die Kosten pro Auftrag sinken bei Altkunden. Zum einem müssen Produkte nicht erklärt werden und die Einrichtung vor Ort sowie eventuelle Schulungen der Mitarbeiter entfallen.

All das zeigt: Der erste Auftrag ist nicht das Ende der Akquise, vielmehr geht sie an dieser Stelle in die aktive Kundenbetreuung und Kundenbindung über. Ziel muss sein, den Kunden zu begeistern, seine Erwartungen nicht nur zu erfüllen, sondern zu übertreffen.

Eigene Leidenschaft als Bedingung

Grundvoraussetzung für die Begeisterung anderer ist die eigene Leidenschaft. Wer selbst für sein Produkt, seine Arbeit und das Unternehmen schwärmt, strahlt dieses Engagement nicht nur nach außen aus, sondern steckt auch sein Gegenüber damit an. Für den eigenen Elan bilden folgende Faktoren gute Voraussetzungen.

Wie viel Spaß macht Ihnen die Arbeit?

Leben Sie nach dem Motto: „Arbeit ist Arbeit und Spaß ist Spaß"? Dann verweigern Sie sich selbst eine große Quelle der Zufriedenheit. Denn die meiste Zeit des Tages verbringen wir bei der Arbeit, schon deshalb sollte sie uns gefallen und Freude machen. In jedem Job gibt es Tätigkeiten, auf die man sich freut. Bauen Sie diese Bereiche aus und delegieren Sie lästige Tätigkeiten, soweit möglich.

Beispiel für mehr Spaß an der Arbeit

> Ein Vertriebsmitarbeiter besucht liebend gern seine Kunden. Vor Ort, im direkten Kontakt wird seine Begeisterung für das Produkt offensichtlich. Eine sehr ungeliebte Aufgabe ist dagegen das Verfassen von Werbemailings. Um die Freude an der Arbeit zu erhöhen, plant der Verkäufer mindestens einmal pro Woche einen Präsentationstermin bei einem Neu- oder Bestandskunden ein und legt diesen nach Möglichkeit auf den Donnerstag oder Freitag. Dann kann er sich während der ganzen Woche auf diesen Tag freuen. Die Werbemailings lässt er so oft es geht von einer Agentur erstellen oder er bittet die Vertriebsassistentin um Unterstützung.

Welche Vision verfolgen Sie?

Es gibt kaum eine größere Quelle für Begeisterung und Engagement als eine gute Vision. Wer ein großes, langfristiges Ziel vor Augen hat, an dessen Erreichung er teilhaben möchte, wird mit Feuer bei der Sache sein.

Eine gute Vision hat die Fähigkeit, Energien freizusetzen und langfristig zu motivieren. Sie ist Bestandteil der Unternehmensphilosophie und prägt den Umgang der Mitarbeiter untereinander ebenso wie den mit dem Kunden. Eine Vision beantwortet die Frage: „Wo stehen wir in zehn Jahren? In welche Richtung wollen wir uns entwickeln?"

Beispiel für eine Vision und ihre Wirkung

 Die Vision einer kleinen Schreinerei in der Gründungsphase ist, in zehn Jahren als der Spezialist für individuelle Wohnraumgestaltung am Ort allen Kunden auch ausgefallene Einrichtungswünsche zu erfüllen. Mutige Vorschläge von Mitarbeitern werden stets positiv aufgenommen, gefördert wird dies durch verschiedene Fortbildungen. Auch für kleine Aufträge werden individuelle Lösungen erarbeitet.

Begeistern Sie Ihre Kunden

Mit der eigenen Leidenschaft ist der erste Schritt zur Kundenbegeisterung schon getan. Diese positive innere Einstellung muss sich allerdings auch im alltäglichen Umgang mit dem Kunden niederschlagen.

Übertreffen Sie die Erwartungen

Ein Kunde, dessen Auftrag gut und zuverlässig erledigt wurde, ist womöglich zufrieden, aber ist er auch begeistert? Wohl eher nicht, denn er hat ja das erhalten, wofür er auch bezahlt hat, was er mit gutem Recht auch erwarten kann – nicht weniger, aber auch nicht mehr. Das heißt, wer seinen Kunden wirklich begeistern will, muss die Erwartungen des Kunden übertreffen, ihn in der Ausführung und Betreuung positiv überraschen. Möglichkeiten dazu bieten sich viele.

- Bei der Lieferung: Der Kunde erhält mehr, als er eigentlich bestellt hat: Ein CD-Versand legt jedem Kunden eine Demo-CD mit besonderen Tipps bei.

- Im Service: Ein Kfz-Meister bemüht sich bei der Reparatur immer darum, die für den Kunden preiswerteste Lösung zu finden, auch wenn das für ihn mehr Aufwand bedeutet.
- Bei den Angeboten: Stammkunden erfahren von besonderen, limitierten Angeboten, lange bevor diese an die Öffentlichkeit gehen.
- Bei der Garantie: Ein Unternehmen ruft rechtzeitig vor Ablauf der Garantie bei den Kunden an und fragt, ob die Geräte noch einwandfrei funktionieren.

Nehmen Sie den Kunden als Menschen wahr

Je mehr über den Abnehmer bekannt ist und je persönlicher der Kontakt auf seine Interessen ausgerichtet ist, desto einfacher ist es, den Kunden tatsächlich zu begeistern. Wer ein Massenprodukt vertreibt und mehrere tausend Adressen in seiner Datenbank hat, kann sich nicht um alle in der gleichen Intensität kümmern. Aber auch dann gibt es häufig Kundenbetreuer, die sich um besonders wichtige Abnehmer kümmern, die so genannten Key-Account-Manager. An anderer Stelle hilft die moderne Technik weiter.

Beispiel für kundenindividuelle Ansprache

 Wer beim Internetbuchhändler Amazon ein Buch bestellt, erhält beim nächsten Einloggen automatisch Vorschläge für Titel, die in die gleiche Richtung zielen.

Grundlage für so viel Individualität ist eine gute Kenntnis der Interessen, Vorlieben und Abneigungen des Kunden. Je intensiver und enger der Kontakt zwischen Käufer und Verkäufer ist, desto eher kann Letzterer Tipps geben, Angebote modifizieren und diwee Kundenbindungsmaßnahmen steuern.

Greifen Sie auf den Kontaktbericht (Seite 62) zurück, um solche Informationen zu sammeln. Notieren Sie nicht nur die geschäftlichen Daten, sondern auch persönliche Angaben:

1 Was macht Ihrem Kunden Freude?
2 Was isst, trinkt, liest, hört er gern?
3 Welche Hobbys betreibt er?
4 Welche Informationen gibt er über sein Privatleben?

> Beachten Sie, dass es sich bei persönlichen Interessen um sehr sensible Daten handelt, die unbedingt vertraulich behandelt werden müssen.

Wie Sie Ihre persönliche Wertschätzung ausdrücken

Die große Kunst im Kundenkontakt besteht darin, den richtigen Kontaktrhythmus zu finden. Es gibt Kunden, die gern sehr intensiv betreut werden möchten, andere dagegen reagieren eher irritiert, wenn sich der Verkäufer ohne konkreten Anlass meldet. Das Wissen über solche Eigenheiten sollte mit der Informationssammlung vorliegen.

Grundsätzlich bilden die persönlichen Interessen des Kunden natürlich eine sehr gute Ausgangsbasis für den Gesprächseinstieg oder auch für den Small Talk nach den Verhandlungen. Weitere Möglichkeiten, den Kunden individuell anzusprechen:

- Typgerechte Geschenke: Einem Vegetarier schenken Sie bei entsprechenden Informationen kein Paket mit fleischhaltigen Delikatessen zu Weihnachten, für einen Opernfreund besorgen Sie die neueste sensationelle Einspielung einer Aufführung.
- Karten zu persönlichen Anlässen: Über Glückwunschkarten zu runden Geburtstagen, zur Hochzeit oder zur Geburt eines Kindes freut sich jeder.
- Zusendung von Informationen: Finden Sie einen Zeitungsartikel zum Hobby oder anderen privaten Interessen, kopieren Sie ihn und schicken Sie ihn mit einem kurzen Vermerk an den Kunden.
- Nachfragen nach wichtigen Terminen: Wenn Ihnen der Kunde erzählt, dass er am Tag X einen wichtigen Wettkampf mit seiner Sportmannschaft hat, fragen Sie anschließend nach, wie es gelaufen ist.

Wichtig ist bei solchen Aktionen, dass sie ohne geschäftliche Hintergedanken unternommen werden. Die meisten Menschen haben eine feine Antenne dafür, ob man sich für sie selbst interessiert oder ob die Aufmerksamkeit nur dazu dient, einen Auftrag zu erhalten.

Vom Umgang mit inneren Barrieren

Fast jeder kennt solche Situationen: Aus der Furcht, in einer bestimmten Situation zu versagen, werden Selbstzweifel, aus den Selbstzweifeln eine Blockade im Kopf. Die Aufgaben werden dann entweder gar nicht mehr angegangen oder nur halbherzig und ohne echten Glauben an das Gelingen. Gerade im Vertrieb tauchen solche Barrieren oft auf, denn

- der Erfolg und damit auch der Misserfolg der Akquise sind exakt messbar;
- der Druck bei der Neukundengewinnung ist oft sehr groß, in ungünstigen Fällen ist das wirtschaftliche Überleben von einem Großauftrag abhängig;
- das Ergebnis ist von vielen Faktoren abhängig, die nicht oder nur schwer beeinflusst werden können.
- viele Verkäufer nehmen die Absage eines Kunden, in den bereits viel Zeit investiert wurde, persönlich und werten diese als Abwertung der eigenen Leistung.

Gute Vorbereitung für ein gutes Gefühl

Die Unsicherheit, was einen wohl erwartet und wie sich die Situation entwickeln wird, ist ein großes Hemmnis vor der Kundenansprache. Wer Barrieren im Kopf abbauen will, sollte zunächst daran arbeiten, sein Gefühl von Sicherheit zu erhöhen.

Weil es in der Akquise immer wieder Umstände gibt, die nicht beeinflussbar sind, ist es umso wichtiger, jene Punkte perfekt vorzubereiten, bei denen dies möglich ist. Zu Recht ärgert man sich, wenn ein Auftrag nicht zustande kommt, weil z. B. die Unterlagen nicht rechtzeitig vorlagen. Damit erhöht sich auch automatisch die Unsicherheit im Kundengespräch, denn die eigene Position ist geschwächt, noch bevor die eigentlichen Verhandlungen überhaupt angefangen haben.

> Wichtig ist, dass Sie mit einem guten Gefühl in die Kundenansprache gehen. Wenn Sie alles getan haben, was in Ihrem Einflussbereich liegt, um einen Erfolg zu erzielen, dann müssen Sie sich auch im Falle eines Scheiterns keine Vorwürfe machen.

In diesem TaschenGuide haben wir Ihnen eine Vielzahl an Möglichkeiten gezeigt, wie Sie Aktionen planen und vorbereiten können. Konkret können Sie selbst Folgendes tun:

- Gehen Sie im Vorfeld selbst jeden einzelnen Schritt der bevorstehenden Maßnahme durch und überprüfen Sie regelmäßig den Stand der Dinge.
- Wenn es Verzögerungen gibt, greifen Sie sofort ein und warten Sie nicht ab, ob sich die Situation eventuell doch noch klärt.
- Kontrollieren Sie Ihre Unterlagen, Aufzeichnungen und Planungen noch einmal, bevor Sie tatsächlich mit dem Kunden in Kontakt treten.

Mehr Sicherheit durch Routine

Ein alter Spruch sagt: „Nur Übung macht den Meister". Das gilt auch und gerade für schwierige Gespräche, z. B. die Kaltakquise. Mit jedem Anruf wächst die Erfahrung, wie Kunden sich verhalten, welche der eigenen Formulierungen gut ankamen und welche nicht. Irgendwann hat jeder mal „den schlimmsten Anruf des Jahres" hinter sich und damit zumindest die Gewissheit, dass auch davon die Welt nicht untergeht. Schaffen Sie sich ganz bewusst Routinen rund um die Akquise:

- Legen Sie in Ihrem Kalender Termine fest, zu denen Sie Akquise betreiben. So bleiben Sie kontinuierlich dabei.
- Zwischen den Aktionen sollte nicht zu viel Zeit vergehen, sonst kann sich keine Routine aufbauen.
- Sortieren Sie die anzusprechenden Kunden nach ihrer Bedeutung. Vermeiden Sie es, mit dem wichtigsten zu beginnen, sondern sammeln Sie zunächst Erfahrungen.
- Machen Sie nach Fehlschlägen sofort weiter. Sonst verfestigt sich das Negativerlebnis.
- Beenden Sie die Aktion möglichst immer mit einer positiven Erfahrung. Legen Sie also an das Ende der Aktion einen Kundenkontakt, bei dem Sie sich sicher sind, den Abschluss zu tätigen.

Stichwortverzeichnis

Abschluss 83 ff.
Adressbroker 49
Adressen 49 ff., 59, 65
Adressqualifikation 53
AIDA-Formel 13 ff.
Akquise, Definition 6
Akquiseinstrumente 9 ff., 63, 64 f.
Akquisestrategie 38 ff.
Akquisetelefonat 84
Akquiseziele 22
Akquisitionspyramide 45
Angebot 29 ff., 80

Beziehungspflege 115 ff.

Cluster 34

Datenqualitätsstufen 53

Einwandbehandlung 80 f.
E-Mail-Newsletter 72 ff.
Empfehlungen 99 ff.
Erfolgskontrolle 103 f.

Gesprächsaufhänger 75

Informationssammlung 29 f., 35 f., 54 ff.
Innere Barriere 121 ff.

Konkurrenzanalyse 37
Kontaktbericht 61 f.
Kundendaten 34 f., 52, 58

Messe 12, 92 ff.

Nachbereitung 103

Netzwerke 96 ff.
Nutzen 16, ff.
Nutzenargument 32

Permission-Marketing 74
Persönliche Einstellung 108 ff.
Phasen, Akquisetelefonat 78
Phasen, Akquisetelefonats 79 f.
PowerPoint-Präsentation 88, 89
Produkteigenschaften 29 f.

Qualitatives Ziel 21
Quantitatives Ziel 20

Ressourcen 46 ff.

SMART-Formel 23 f.
Stärken-Schwächen-Analyse 30
Strategie Akquisestrategie

Telefonakquise 10, 74 ff.
Telefonleitfaden 76 f.
Terminvereinbarung 81 f

USP (Unique Selling Proposition) 14, 31

Veränderungen 106
Veranstaltung Messe
Verkaufsgespräch 11, 85 ff.
Vorbereitung 19 ff., 75, 85 ff., 122 f.

Werbebrief 10, 64 ff.

Ziele 20
Zielgruppe 33 f.

Bibliografische Information der Deutschen Nationalbibliothek
Die Deutsche Nationalbibliothek verzeichnet diese Publikation in der Deutschen Nationalbibliografie; detaillierte bibliografische Daten sind im Internet über http://dnb.ddb.de abrufbar.

ISBN 978-3-448-10063-1
Bestell-Nr. 00875-0002

2., aktualisierte Auflage 2009

© 2009, Rudolf Haufe Verlag GmbH & Co. KG, Niederlassung Planegg/München
Postanschrift: Postfach, 82142 Planegg
Hausanschrift: Fraunhoferstraße 5, 82152 Planegg
Fon: (0 89) 8 95 17-0, Fax: (0 89) 8 95 17-2 50
E-Mail: online@haufe.de
Internet www.haufe.de
Lektorat: Sylvia Rein
Redaktion: Jürgen Fischer
Redaktionsassistenz: Christine Rüber

Alle Rechte, auch die des auszugsweisen Nachdrucks, der fotomechanischen Wiedergabe (einschließlich Mikrokopie) sowie der Auswertung durch Datenbanken oder ähnliche Einrichtungen vorbehalten.

Umschlaggestaltung: Kienle gestaltet, Stuttgart
Umschlagentwurf: Agentur Buttgereit & Heidenreich, 45721 Haltern am See
Druck: freiburger graphische betriebe, 79108 Freiburg

Zur Herstellung der Bücher wird nur alterungsbeständiges Papier verwendet.

Die Autoren

Holger Gloszeit

verfügt über langjährige Erfahrung in Verkaufs- und Managementpositionen und heute Geschäftsführer der Gloszeit Consulting GmbH, selbstständiger Unternehmensberater und Trainer. Internet: www.gloszeitconsulting.com

Cordula Natusch

ist freiberufliche Autorin, Texterin und Redakteurin.
Internet: www.redaktion-natusch.de

Weitere Literatur

„Kundenakquise mit Werbebriefen – einfach und überzeugend", von Alexander Jürries, 256 Seiten, mit CD-ROM, € 18,80. ISBN 978-3-448-08745-1, Bestell-Nr. 00021

„Crashkurs Marketing", von Helmut Geyer und Luis Ephrosi, 198 Seiten, mit CD-ROM, € 16,80.
ISBN 978-3-448-06588-6, Bestell Nr. 00046

„Neuromarketing. Erkenntnisse der Hirnforschung für Markenführung, Werbung und Verkauf", von Hans-Georg Häusel (Hg.), 232 Seiten, € 39,80.
ISBN 978-3-448-08056-8, Bestell-Nr. 00068

TaschenGuides – Qualität entscheidet

Bereits erschienen:

- **Der Betrieb in Zahlen**
  - 400 € Mini-Jobs
  - Balanced Scorecard
  - Betriebswirtschaftliche Formeln
  - Bilanzen
  - Buchführung
  - Businessplan
  - BWL Grundwissen
  - BWL kompakt – die 100 wichtigsten Fakten
  - Controllinginstrumente
  - Deckungsbeitragsrechnung
  - Einnahmen-Überschussrechnung
  - Finanz- und Liquiditätsplanung
  - Die GmbH
  - IFRS
  - Kaufmännisches Rechnen
  - Kennzahlen
  - Kleines Lexikon Rechnungswesen
  - Kontieren und buchen
  - Kostenrechnung
  - Mathematische Formeln
  - VWL Grundwissen

- **Mitarbeiter führen**
  - Besprechungen
  - Führungstechniken
  - Die häufigsten Managementfehler
  - Management
  - Managementbegriffe
  - Mitarbeitergespräche
  - Moderation
  - Motivation
  - Projektmanagement
  - Spiele für Workshops und Seminare
  - Teams führen
  - Workshops
  - Zielvereinbarungen und Jahresgespräche

- **Karriere**
  - Assessment Center
  - Existenzgründung
  - Gründungszuschuss
  - Jobsuche und Bewerbung
  - Vorstellungsgespräche

- **Geld und Specials**
  - Die neue Rechtschreibung
  - Eher in Rente
  - Energie sparen
  - Energieausweis
  - IGeL – Medizinische Zusatzleistungen
  - Immobilien erwerben
  - Immobilienfinanzierung
  - Sichere Altersvorsorge
  - Geldanlage von A-Z
  - Web 2.0
  - Zitate für Beruf und Karriere
  - Zitate für besondere Anlässe

- **Persönliche Fähigkeiten**
  - Allgemeinwissen Schnelltest
  - Ihre Ausstrahlung
  - Business-Knigge – die 100 wichtigsten Benimmregeln
  - Mit Druck richtig umgehen
  - Emotionale Intelligenz
  - Entscheidungen treffen
  - Gedächtnistraining
  - Gelassenheit lernen
  - Glück!
  - IQ – Tests
  - Knigge für Beruf und Karriere
  - Knigge fürs Ausland
  - Kreativitätstechniken
  - Manipulationstechniken
  - Mathematische Rätsel
  - Mind Mapping
  - NLP
  - Peinliche Situationen meistern
  - Schneller lesen
  - Selbstmanagement
  - Sich durchsetzen
  - Soft Skills
  - Stress ade
  - Verhandeln
  - Zeitmanagement